普通高等教育“十一五”国家级规划教材配套教辅

数值计算方法习题精析

黄云清　舒　适　编著
文立平　周光明　杨　银

科学出版社
北　京

内 容 简 介

本书是普通高等教育“十一五”国家级规划教材《数值计算方法》(黄云清等编著)的配套教辅. 全书在编写上与主教材的顺序一致. 主要内容包括函数的数值逼近(代数插值与函数的最佳逼近)、数值积分与数值微分、数值代数(线性代数方程组的解法与矩阵特征值问题的计算)、非线性(代数与超越)方程的数值解法、最优化方法以及常微分方程(初、边值问题) 数值解法等各个部分的大部分习题的解答.

本书可作为信息与计算科学、数学与应用数学专业本科生, 以及计算机、通信工程等工科类专业本科生及研究生数值计算方法课程的学习参考书, 可供自学者使用, 也可供从事科学与工程计算的科技工作者参考.

图书在版编目(CIP)数据

数值计算方法习题精析/黄云清等编著. —北京：科学出版社, 2009
普通高等教育“十一五”国家级规划教材配套教辅
ISBN 978-7-03-025846-5

I. 数… II. 黄… III. 数值计算-计算方法-高等学校-解题 IV. O241-44

中国版本图书馆 CIP 数据核字 (2009) 第 192292 号

责任编辑: 赵 靖 房 阳 / 责任校对: 桂伟利
责任印制: 张 伟 / 封面设计: 耕者设计工作室

科学出版社 出版
北京东黄城根北街 16 号
邮政编码：100717
http://www.sciencep.com
北京凌奇印刷有限责任公司印刷
科学出版社发行 各地新华书店经销
*
2009 年 12 月第 一 版 开本: B5(720 × 1000)
2024 年 6 月第九次印刷 印张: 8
字数: 162 000
定价: 27.00 元
(如有印装质量问题, 我社负责调换)

前　　言

在“数值分析”或“计算方法”课程的学习过程中, 学生常常对某些知识的理解以及部分习题的推理论证感到较为困难. 为了帮助学生更好地理解数值计算方法的基本内容, 开拓思路, 提高解题技巧, 灵活运用所学知识解决问题, 我们参考教育部关于理工科学生“数值计算方法”课程基本要求, 根据多年的教学经验, 编写了这本与黄云清教授等编著的普通高等教育“十一五”国家级规划教材《数值计算方法》配套的教辅书.

全书包括主教材中函数的数值逼近 (代数插值与函数的最佳逼近)、数值积分与数值微分、数值代数 (线性代数方程组的解法与矩阵特征值问题的计算)、非线性 (代数与超越) 方程的数值解法、最优化方法以及常微分方程 (初、边值问题) 数值解法等各个部分的大部分习题的解答. 主教材中第 9 章 Monte Carlo 方法简介部分没有编写习题, 考虑到内容的完整性, 本书将主教材中第 10 章的习题编成了第 9 章. 选题力求难易层次分明, 涵盖知识点全面; 解题过程力求思路清晰, 逻辑严密, 步骤简洁, 注意引导和启发. 本书旨在帮助、指导读者把握基本概念和掌握基本解题方法, 在此基础上融会贯通, 并学会用计算机解决实际问题的应变能力. 本书可供信息与计算科学、数学与应用数学专业本科生, 以及计算机、通信工程等工科类专业本科生及研究生学习“数值计算方法”课程时阅读和参考; 也可供从事“数值计算方法”或“数值分析”教学工作的教师参考; 对参加有“数值计算方法”内容要求的各类考试的考生和工程技术人员也是一本很有帮助的复习参考书.

尽管编者作了很大的努力, 但书中仍可能有疏漏及不当之处, 敬请专家、读者指正, 提出宝贵意见, 以便在今后的修订中更加完善, 编者将不胜感激.

编　者

2009 年 4 月

前 言

目　录

第1章　引　　论

1.1　假设原始数据是精确的. 试按三位舍入运算计算

$$(164+0.913)-(143+21) \quad 和 \quad (164-143)+(0.913-21)$$

的近似值, 并确定它们各有几位有效数字.

解

$$(164+0.913)-(143+21) \quad 或 \quad (164-143)+(0.913-21)$$

的精确结果为 $A=0.913$.

$(164+0.913)-(143+21)$ 依三位舍入计算的结果为

$$A^*=165-164=1.$$

$(164-143)+(0.913-21)$ 近似结果为

$$\bar{A}=21-20.1=0.9.$$

A^*, $\bar{A}$ 均有一位有效数字, 但是,

$$|A-A^*| \leqslant \frac{1}{2}, \quad |A-\bar{A}| \leqslant \frac{1}{2}\cdot 10^{-1}. \qquad \square$$

1.2　证明: $\sqrt{x}$ 的相对误差约等于 x 的相对误差的 1/2.

证明　记 $f(x)=\sqrt{x}$, 则

$$\begin{aligned}
E_r(f) &= \frac{\sqrt{x}-\sqrt{x^*}}{\sqrt{x}} \\
&= \frac{x-x^*}{\sqrt{x}(\sqrt{x}+\sqrt{x^*})} \\
&= \frac{\sqrt{x}}{\sqrt{x}+\sqrt{x^*}}\cdot\frac{x-x^*}{x} \\
&\approx \frac{1}{2}E_r(x).
\end{aligned} \qquad \square$$

1.3　设实数 a 的 t 位 β 进制浮点机器数表示为 $fl(a)$. 试证明:

$$fl(a*b)=\frac{a*b}{1+\delta}, \quad |\delta| \leqslant \frac{1}{2}\beta^{1-t},$$

其中的记号 $*$ 表示加、减、乘、除中一种运算.

证明　令 $\delta=\dfrac{(a*b)-fl(a*b)}{fl(a*b)}$, 可估计

$$|fl(a*b)|\geqslant\beta^{c-1},\quad c\ 为\ a*b\ 阶码,$$

故

$$|\delta|\leqslant\frac{1}{2}\cdot\frac{\beta^{c-t}}{\beta^{c-1}}=\frac{1}{2}\beta^{1-t}.$$

于是

$$fl(a*b)=\frac{a*b}{1+\delta}.$$

□

1.4　改变下列表达式使计算结果比较精确:

(1) $\dfrac{1}{1+2x}-\dfrac{1-x}{1+x}$, 对 $|x|\ll 1$;

(2) $\sqrt{x+\dfrac{1}{x}}-\sqrt{x-\dfrac{1}{x}}$, 对 $x\gg 1$;

(3) $\dfrac{1-\cos x}{x}$, 对 $x\neq 0, |x|\ll 1$.

解　(1) $\dfrac{2x^2}{(1+x)(1+2x)}$.

(2) $\dfrac{2/x}{\sqrt{x+1/x}+\sqrt{x-1/x}}$.

(3) $\dfrac{1-\cos x}{x}=\dfrac{\sin^2 x}{x(1+\cos x)}\approx\dfrac{\sin x}{1+\cos x}$.

□

1.5　(略)

1.6　设 $a=0.937$ 关于精确数 x 有三位有效数字, 估计 a 的相对误差. 对于 $f(x)=\sqrt{1-x}$, 估计 $f(a)$ 对于 $f(x)$ 的误差和相对误差.

解　a 的相对误差. 由于

$$|E(x)|\leqslant|x-a|\leqslant\frac{1}{2}\cdot 10^{-3},\quad E_r(x)=\frac{x-a}{x},$$

因此

$$|E_r(x)|\leqslant\frac{1}{2\times 9}\cdot 10^{-2}=\frac{1}{18}\cdot 10^{-2}.$$

$f(a)$ 对于 $f(x)$ 的误差和相对误差分别为

$$\begin{aligned}|E(f)| &= |\sqrt{1-x} - \sqrt{1-a}| \\ &= \frac{a-x}{\sqrt{1-x}+\sqrt{1-a}} \\ &\leqslant \frac{(1/2)\cdot 10^{-3}}{2\times 0.25} = 10^{-3},\end{aligned}$$

$$|E_r(f)| \leqslant \frac{10^{-3}}{\sqrt{1-a}} = 4\times 10^{-3}. \qquad \square$$

1.7　设 A 为 $n\times n$ 矩阵, x 为 n 维向量, 而且 $nu \leqslant 0.01$, 证明:

$$fl(Ax) = (A+E)x,$$

其中 $E=(e_{ij})$ 的元素满足

$$|e_{i1}| \leqslant 1.01n|a_{i1}|u, \quad i=1,2,\cdots,n,$$

$$|e_{ij}| \leqslant 1.01(n-j+2)\,|a_{ij}|\,u, \quad i,j=1,2,\cdots,n.$$

证明　记 $A=(a_{ij})_{n\times n}$, $x=(x_1,\cdots,x_n)^{\mathrm{T}}$, $y=Ax=(y_1,\cdots,y_n)^{\mathrm{T}}$, 则

$$y_i = \sum_{j=1}^{n} a_{ij}\cdot x_j, \quad i=1,2,\cdots,n.$$

由定理 1.2, 此时

$$\begin{aligned}fl(y_i) &= fl\left(\sum_{j=1}^{n}(a_{ij}\times x_j)\right) \\ &= \sum_{j=1}^{n}(a_{ij}\times x_j)\cdot[1+1.01(n+2-j)\theta_j u] \\ &= \sum_{j=1}^{n}(a_{ij}+a_{ij}\times 1.01(n+2-j)\theta_j u)x_j.\end{aligned}$$

记

$$e_{ij} = a_{ij}\times 1.01(n+2-j)\theta_j u,$$

有

$$|e_{ij}| \leqslant 1.01(n-j+2)\,|a_{ij}|u,$$

此时

$$fl(y_i) = \sum_{j=1}^{n} (a_{ij} + e_{ij}) x_j,$$

即

$$fl(Ax) = (A + E)x,$$

其中 $E = (e_{ij}),\ i, j = 1, 2, \cdots, n.$

至于 $|e_{i1}| \leqslant 1.01\, n |a_{i1}| u$，则是由于在计算误差 $a_{i1} \times x_1$ 时产生的舍入误差和计算 $a_{i2} \times x_2$ 时所产生的舍入误差相当, $|e_{i2}| \leqslant 1.01\, n\, |a_{i2}| u$. □

1.8　真空中自由落体距离 s 与时间 t 的关系由下面公式确定：

$$s = \frac{1}{2} g t^2,$$

g 是重力加速度. 现设 g 是准确的, 而 t 的测量有 ± 0.1 s 的误差. 证明：当 t 增加时距离的绝对误差增加, 而相对误差却减小.

解　设 $E(t) = \tilde{t} - t$, $|E(t)| \leqslant 0.1$ s.

$$\begin{aligned} E(s) = \tilde{s} - s &= \frac{1}{2} g \tilde{t}^2 - \frac{1}{2} g t^2 \\ &= \frac{1}{2} g (\tilde{t} + t) \cdot E(t) \approx g t \cdot E(t). \end{aligned}$$

由此当 t 增加时距离的绝对误差增加,

$$E_r(s) = \frac{E(s)}{s} \approx \frac{gt \cdot E(t)}{gt^2/2} = \frac{2}{t} \cdot E(t),$$

所以当 t 增加时距离的相对误差减小. □

1.9　序列 $\{y_n\}$ 满足递推关系：$y_{n+1} = 100.01 y_n - y_{n-1}$. 取 $y_0 = 1, y_1 = 0.01$ 及 $y_0 = 1 + 10^{-5}, y_1 = 0.01$, 试分别计算 y_5, 从而说明该递推公式对于计算是不稳定的.

解　递推关系：$y_{n+1} = 100.01\, y_n - y_{n-1}$.

(1) 取初值 $y_0 = 1$, $y_1 = 0.01$, 计算可得

$$\begin{aligned} y_2 &= 100.01 \times 10^{-2} - 1 \\ &= 1.0001 - 1 = 10^{-4}, \end{aligned}$$

$$y_3 = 10^{-6}, \quad y_4 = 10^{-8}, \quad y_5 = 10^{-10}, \quad \cdots.$$

(2) 取初值 $\bar{y}_0 = 1 + 10^{-5}$, $\bar{y}_1 = 10^{-2}$, 记 $\varepsilon_n = y_n - \bar{y}_n$, 则序列 $\{\varepsilon_n\}$ 满足递推关系 $\varepsilon_{n+1} = 100.01\varepsilon_n - \varepsilon_{n-1}$, 且 $\varepsilon_0 = -10^{-5}$, $\varepsilon_1 = 0$, 于是

$$\varepsilon_2 = 10^{-5}, \quad \varepsilon_3 = 100.01 \times 10^{-5}, \quad \varepsilon_4 = (100.01)^2 \times 10^{-5} - 10^{-5},$$

$$\varepsilon_5 = (100.01)^3 \times 10^{-5} - 100.01 \times 10^{-5} - 100.01 \times 10^{-5}.$$

可见随着 ε_n 的主项 $(100.01)^{n-2} \times 10^{-5}$ 的增长, 该递推关系式是不稳定的. □

第 2 章　函数基本逼近 (一)——插值逼近

2.1　利用 Lagrange 插值公式求下列各离散函数的插值多项式 (结果要简化):

(1)

x_i	-1	0	$1/2$	1
f_i	-3	$-1/2$	0	1

(2)

x_i	-1	0	$1/2$	1
f_i	$-3/2$	0	0	$1/2$

解　以 (2) 为例进行解答.

方法一. 由 Lagrange 插值公式

$$L_3(x) = f_0 \cdot L_0(x) + f_1 \cdot L_1(x) + f_2 \cdot l_2(x) + f_3 \cdot L_3(x)$$

可得

$$L_3(x) = x^2 \left(x - \frac{1}{2}\right).$$

方法二. 令

$$L_3(x) = x\left(x - \frac{1}{2}\right)(Ax + B).$$

由 $L_3(-1) = -3/2$, $L_3(1) = 1/2$, 定 A, B (称之为待定系数法). □

2.2　设 $l_0(x), l_1(x), \cdots, l_n(x)$ 是以 $x_0, x_1, \cdots, x_n$ 为节点的 n 次 Lagrange 插值问题的基函数. 试证明:

(1) $\sum\limits_{i=0}^{n} x_i^k l_i(x) = x^k$, $k = 0, 1, 2, \cdots, n$;

(2) $l_0(x) = 1 + \dfrac{x-x_0}{x_0-x_1} + \dfrac{(x-x_0)(x-x_1)}{(x_0-x_1)(x_0-x_2)} + \cdots + \dfrac{(x-x_0)(x-x_1)\cdots(x-x_{n-1})}{(x_0-x_1)(x_0-x_2)\cdots(x_0-x_n)}$.

证明　(1) 由于 $l_i(x_j) = \delta_{i,j}$, 故 $L_n(x) = \sum\limits_{i=0}^{n} x_i^k\, l_i(x)$, 当 $x = x_j$ 时, 有 $L_n(x_j) = x_j^k$, $j = 0, 1, \cdots, n$, $L_n(x)$ 即为 x^k 的插值多项式. 由唯一性, 可得

$$\sum_{i=0}^{n} x_i^k\, l_i(x) = x^k, \quad k = 0, 1, \cdots, n.$$

(2) 方法一. 用数学归纳法.

方法二. 利用 Newton 插值多项式

$$N_n(x) = f(x_0) + f[x_0, x_1](x - x_0) + \cdots + f[x_0, \cdots, x_n](x - x_0)\cdots(x - x_{n-1}), (*)$$

$$f(x) = \frac{(x - x_1)\cdots(x - x_n)}{(x_0 - x_1)\cdots(x_0 - x_n)} = l_0(x).$$

差商表

	$f(x)$	一阶	二阶	n 阶差商	
x_0	1				
x_1	0	$\frac{1}{x_0 - x_1}$			
x_2	0	0	$\frac{1}{(x_0 - x_2)(x_0 - x_1)}$		
$\vdots$	$\vdots$	$\vdots$	$\vdots$	$\ddots$	
x_n	0	0	0	$\cdots$	$\frac{1}{(x_0 - x_1)\cdots(x_0 - x_n)}$

代入 $(*)$ 式有

$$N_n(x) = 1 + \frac{x - x_0}{x_0 - x_1} + \cdots + \frac{(x - x_0)\cdots(x - x_{n-1})}{(x_0 - x_1)(x_0 - x_2)\cdots(x_0 - x_n)}.$$

$l_0(x)$ 为 n 次代数多项式, 由插值多项式的唯一性, 得

$$l_0(x) \equiv N_n(x). \quad \square$$

2.3　设 $f(x) \in C^3[a, b], 0 < \varepsilon < b - a$. 考虑以 $a, a + \varepsilon, b$ 为节点的 Lagrange 插值公式当 $\varepsilon \to 0$ 时的极限. 证明:

$$f(x) = p(x) + R(x),$$

其中

$$\begin{aligned} p(x) = & \frac{(b - x)(x + b - 2a)}{(b - a)^2} f(a) \\ & + \frac{(x - a)(b - x)}{b - a} f'(a) + \frac{(x - a)^2}{(b - a)^2} f(b), \end{aligned}$$

$$R(x) = \frac{1}{6}(x - a)^2(x - b) f'''(\xi), \quad \xi \in (a, b),$$

并计算 $p(a), p(b), p'(a)$.

解 作 $f(x)$ 以 $a,\ a+\varepsilon,\ b$ 为节点的 Lagrange 插值多项式, 有

$$f(x) = L_2(x) + R_2(x),$$

其中

$$\begin{aligned}
L_2(x) =& \frac{(x-a-\varepsilon)(x-b)}{(-\varepsilon)(a-b)} f(a) \\
&+ \frac{(x-a)(x-b)}{\varepsilon(a+\varepsilon-b)} f(a+\varepsilon) \\
&+ \frac{(x-a)(x-a-\varepsilon)}{(b-a)(b-a-\varepsilon)} f(b), \\
R_2(x) =& \frac{f'''(\zeta)}{3!}(x-a)(x-a-\varepsilon)(x-b), \quad a<\zeta<b.
\end{aligned}$$

令 $\varepsilon \to 0$, 有

$$R_2(x) \to R(x) = \frac{f'''(\zeta)}{6}(x-a)^2(x-b),$$

又

$$\begin{aligned}
L_2(x) =& (b-x)\left[\frac{x-a}{\varepsilon(b-\varepsilon-a)} f(a+\varepsilon) - \frac{x-a}{\varepsilon(b-a-\varepsilon)} f(a)\right. \\
&\left. + \frac{x-a}{\varepsilon(b-a-\varepsilon)} f(a) - \frac{(x-a-\varepsilon)}{\varepsilon(b-a)} f(a)\right] \\
&+ \frac{(x-a)(x-a-\varepsilon)}{(b-a)(b-a-\varepsilon)} f(b) \\
\to& \frac{(b-x)(x+b-2a)}{(b-a)^2} f(a) \\
&+ \frac{(b-x)(x-a)}{(b-a)} f'(a) + \frac{(x-a)^2}{(b-a)^2} f(b) \\
=& P(x).
\end{aligned}$$

故当 $\varepsilon \to 0$ 时, 成立公式 $f(x) = P(x) + R(x)$. □

2.4 在节点 $x_0, x_1, \cdots, x_n$ 处取值 $f_0, \cdots, f_n$ 的次数 $\leqslant n$ 的多项式 $p(x)$ 可写成

$$p(x) = C \begin{vmatrix} 0 & 1 & x & x^2 & \cdots & x^n \\ f_0 & 1 & x_0 & x_0^2 & \cdots & x_0^n \\ f_1 & 1 & x_1 & x_1^2 & \cdots & x_1^n \\ \vdots & \vdots & \vdots & \vdots & & \vdots \\ f_n & 1 & x_n & x_n^2 & \cdots & x_n^n \end{vmatrix},$$

其中 C 是某个常数. 确定 C 并证明此公式.

解　设 $f(x)$ 的插值多项式为

$$p(x)=a_0+a_1x+\cdots+a_nx^n,$$

则

$$\begin{cases} f_0=a_0+a_1x_0+\cdots+a_nx_0^n, \\ f_1=a_0+a_1x_1+\cdots+a_nx_1^n, \\ \cdots\cdots \\ f_n=a_0+a_1x_n+\cdots+a_nx_n^n \end{cases}$$

可改写为

$$\begin{cases} -p(x)+a_0+a_1x+\cdots+a_nx^n=0, \\ -f_0+a_0+a_1x_0+\cdots+a_nx_0^n=0, \\ \cdots\cdots \\ -f_n+a_0+a_1x_n+\cdots+a_nx_n^n=0. \end{cases}$$

线性方程组有非零解 $(-1,\ a_0,\cdots,\ a_n)^{\mathrm{T}}$, 因而行列式

$$\begin{vmatrix} p(x) & 1 & x & \cdots & x^n \\ f_0 & 1 & x_0 & \cdots & x_0^n \\ \vdots & \vdots & \vdots & & \vdots \\ f_n & 1 & x_n & \cdots & x_n^n \end{vmatrix}=0$$

或者

$$p(x)\cdot\begin{vmatrix} 1 & x_0 & \cdots & x_0^n \\ 1 & x_1 & \cdots & x_1^n \\ \vdots & \vdots & & \vdots \\ 1 & x_n & \cdots & x_n^n \end{vmatrix}+\begin{vmatrix} 0 & 1 & x & \cdots & x^n \\ f_0 & 1 & x_0 & \cdots & x_0^n \\ \vdots & \vdots & \vdots & & \vdots \\ f_n & 1 & x_n & \cdots & x_n^n \end{vmatrix}=0.$$

记 $C=\dfrac{-1}{\prod\limits_{0\leqslant i<j\leqslant n}(x_j-x_i)}$, 得 $p(x)=C\begin{vmatrix} 0 & 1 & \cdots & x^n \\ f_0 & 1 & \cdots & x_0^n \\ \vdots & \vdots & & \vdots \\ f_n & 1 & \cdots & x_n^n \end{vmatrix}$. □

2.5　给出 $f(x)=\mathrm{e}^{x^2-1}$ 的数值表如下:

x_i	1.0	1.1	1.2	1.3	1.4
$f(x_i)$	1.00000	1.23368	1.55271	1.99372	2.61170

试利用 Neville 法求 $f(1.25)$ 的近似值.

解 由已知条件, 构造 Neville 插值方法计算表

x_i	p_i				
x_0: 1.0	1.00000				
x_1: 1.1	1.23368	$p_{0,1}$			
x_2: 1.2	1.55271	$p_{1,2}$	$p_{0,2}$		
x_3: 1.3	1.99372	$p_{2,3}$	$p_{1,3}$	$p_{0,3}$	
x_4: 1.4	2.61170	$p_{3,4}$	$p_{2,4}$	$p_{1,4}$	$p_{0,4}$

$$\begin{aligned}p_{0,1} &= \frac{x-x_1}{x_0-x_1}p_0+\frac{x-x_0}{x_1-x_0}p_1\\ &= \frac{0.15}{-0.1}\times 1.0+\frac{0.25}{0.1}\times 1.23368=1.5842,\end{aligned}$$

$$\begin{aligned}p_{1,2} &= \frac{x-x_2}{x_1-x_2}p_1+\frac{x-x_1}{x_2-x_1}p_2\\ &= \frac{0.05}{-0.1}\times 1.23368+\frac{0.15}{0.1}\times 1.55271=1.712225,\end{aligned}$$

$$\begin{aligned}p_{0,2} &= \frac{x-x_0}{x_2-x_0}p_{1,2}+\frac{x_2-x}{x_2-x_0}p_{0,1}\\ &= \frac{0.25}{0.2}\times 1.712225+\frac{-0.05}{0.2}\times 1.5842=1.7442,\end{aligned}$$

$$\begin{aligned}p_{2,3} &= \frac{x-x_3}{x_2-x_3}p_2+\frac{x-x_2}{x_3-x_2}p_3\\ &= \frac{-0.05}{-0.1}\times 1.55271+\frac{0.05}{0.1}\times 1.99372=1.7732,\end{aligned}$$

$$\begin{aligned}p_{1,3} &= \frac{x-x_3}{x_1-x_3}p_{1,2}+\frac{x-x_1}{x_3-x_1}p_{2,3}\\ &= \frac{0.05}{-0.2}\times 1.712225+\frac{0.15}{0.2}\times 1.7732=1.7580,\end{aligned}$$

$$\begin{aligned}p_{0,3} &= \frac{x-x_3}{x_0-x_3}p_{0,2}+\frac{x-x_0}{x_3-x_0}p_{1,3}\\ &= \frac{-0.05}{-0.3}\times 1.7442+\frac{0.25}{0.3}\times 1.7580=1.7557,\end{aligned}$$

$$p_{3,4} = \frac{x-x_4}{x_3-x_4}p_3+\frac{x-x_3}{x_4-x_3}p_4$$

$$= \frac{-0.15}{-0.1} \times 1.99372 + \frac{-0.05}{0.1} \times 2.61170 = 1.68473,$$

$$p_{2,4} = \frac{x - x_4}{x_2 - x_4} p_{2,3} + \frac{x - x_2}{x_4 - x_2} p_{3,4}$$

$$= \frac{-0.15}{-0.2} \times 1.7732 + \frac{0.05}{0.2} \times 1.68473 = 1.75108,$$

$$p_{1,4} = \frac{x - x_4}{x_1 - x_4} p_{1,3} + \frac{x - x_1}{x_4 - x_1} p_{2,4}$$

$$= \frac{-0.15}{-0.3} \times 1.7580 + \frac{0.15}{0.3} \times 1.75108 = 1.75454,$$

$$p_{0,4} = \frac{x - x_4}{x_0 - x_4} p_{0,3} + \frac{x - x_0}{x_4 - x_0} p_{1,4}$$

$$= \frac{-0.15}{-0.4} \times 1.7557 + \frac{0.25}{0.4} \times 1.75454 = 1.7550,$$

即

$$f(1.25) \approx 1.7550.$$

□

2.6　设 $f(x) = x^7 + x^3 + 1$, 试求:

(1) $f[3^0, 3^1, \cdots, 3^7]$;　　(2) $f[2^0, 2^1, \cdots, 2^8]$.

解　$f(x) = x^7 + x^3 + 1$, 有

$$\frac{f^{(7)}(\xi)}{7!} = 1,$$

$$f[3^0,\ 3^1,\ \cdots,\ 3^7] = f[2^0,\ 2^1,\ \cdots,\ 2^8] = \frac{f^{(8)}(\eta)}{8!} = 0.$$

□

2.7　设 $f(x) = 1/(a - x)$, 证明:

$$f[x_0, x_1, \cdots, x_n] = \frac{1}{(a - x_0)(a - x_1)\cdots(a - x_n)},$$

而且

$$\frac{1}{a - x} = \frac{1}{a - x_0} + \frac{x - x_0}{(a - x_0)(a - x_1)} + \cdots + \frac{(x - x_0)\cdots(x - x_{n-1})}{(a - x_0)\cdots(a - x_n)} + \frac{(x - x_0)\cdots(x - x_n)}{(a - x_0)\cdots(a - x_n)(a - x)}.$$

证明　$f(x) = \dfrac{1}{a - x}$.

利用数学归纳法, 可证

$$f[x_0,\ x_1, \cdots, x_n] = \frac{1}{(a-x_0)(a-x_1)\cdots(a-x_n)},$$

$$f[x_0,\ x_1,\ \cdots,\ x_n,\ x] = \frac{1}{(a-x_0)(a-x_1)\ \cdots(a-x)}.$$

因为

$$\begin{aligned} f(x) =& f(x_0) + f[x_0,\ x_1](x-x_0) + \cdots \\ &+ f[x_0,\ x_1,\ \cdots,\ x_n](x-x_0)\cdots(x-x_{n-1}) \\ &+ f[x_0,\ x_1,\ \cdots,\ x_n,\ x](x-x_0)\cdots(x-x_{n-1})(x-x_n), \end{aligned}$$

故有

$$\begin{aligned} \frac{1}{a-x} =& \frac{1}{a-x_0} + \frac{x-x_0}{(a-x_0)(a-x_1)} + \cdots \\ &+ \frac{(x-x_0)\cdots(x-x_n)}{(a-x_0)(a-x_1)\ \cdots(a-x)}. \end{aligned}$$

□

2.8 证明下列关系式:

(1) $\Delta(f_i \cdot g_i) = f_i\Delta g_i + g_{i+1}\Delta f_i$;

(2) $\Delta(f_i/g_i) = (g_i\Delta f_i - f_i\Delta g_i)/(g_i g_{i+1})$;

(3) $\Delta^n(1/x) = (-1)^n n! h^n / x(x+h)\cdots(x+nh)$.

证明 此题可利用数学归纳法.

设 $n=k$ 成立, 证明 $n=k+1$ 成立. 又 $n=1$ 时是成立的. □

2.9 证明下列关系式:

(1) $\Delta^n f_i = \sum\limits_{k=0}^{n}(-1)^k \mathrm{C}_n^k f_{n+i-k}$;

(2) $\Delta^n f_i = n! h^n f[x_i, x_{i+1}, \cdots, x_{i+n}]$.

证明 (1) $n=0$ 时, 结论显然成立.

假定结论对 $n \geqslant 0$ 成立, 即

$$\Delta^n f_i = \sum_{k=0}^{n}(-1)^k \mathrm{C}_n^k f_{n+i-k}.$$

下面考虑 $\Delta^{n+1} f_i$,

$$\Delta^{n+1} f_i = \Delta(\Delta^n f_i) = \Delta^n f_{i+1} - \Delta^n f_i$$

$$
\begin{aligned}
&=\sum_{k=0}^{n}(-1)^k\mathrm{C}_n^k f_{n+i+1-k}-\sum_{k=0}^{n}(-1)^k\mathrm{C}_n^k f_{n+i-k}\\
&=\sum_{k=0}^{n}(-1)^k\mathrm{C}_n^k f_{n+i+1-k}-\sum_{k=1}^{n+1}(-1)^{k-1}\mathrm{C}_n^{k-1} f_{n+i+1-k}\\
&=f_{n+i+1}+\sum_{k=1}^{n}(-1)^k\mathrm{C}_n^k f_{n+i+1-k}+\sum_{k=1}^{n+1}(-1)^k\mathrm{C}_n^{k-1} f_{n+i+1-k}\\
&=f_{n+i+1}+\sum_{k=1}^{n}(-1)^k(\mathrm{C}_n^k+\mathrm{C}_n^{k-1}) f_{n+i+1-k}+(-1)^{n+1}\mathrm{C}_n^n f_i\\
&=f_{n+i+1}+\sum_{k=1}^{n}(-1)^k\mathrm{C}_{n+1}^k f_{n+i+1-k}+(-1)^{n+1} f_i\\
&=\sum_{k=0}^{n+1}(-1)^k\mathrm{C}_{n+1}^k f_{n+i+1-k},
\end{aligned}
$$

即结论对 $n+1$ 也成立.

由数学归纳法知, 原结论成立.

(2) $n=0$ 时, 命题成立.

假设 $n=k-1$ 时, 命题成立 ($k\geqslant 1$), 即

$$
\Delta^{k-1}f_i=(k-1)!h^{k-1}f[x_i,x_{i+1},\cdots,x_{i+k+1}].
$$

当 $n=k$ 时,

$$
\begin{aligned}
\Delta^k f_i=&\Delta(\Delta^{k-1}f_i)=\Delta^{k-1}f_{i+1}-\Delta^{k-1}f_i\\
=&(k-1)!h^{k-1}f[x_{i+1},x_{i+2},\cdots,x_{i+k}]\\
&-(k-1)!h^{k-1}f[x_i,x_{i+1},\cdots,x_{i+k-1}]\\
=&(k-1)!h^{k-1}(f[x_{i+1},x_{i+2},\cdots,x_{i+k}]\\
&-f[x_i,x_{i+1},\cdots,x_{i+k-1}])\\
=&(k-1)!h^{k-1}\cdot(kh)\cdot\frac{(f[x_{i+1},x_{i+2},\cdots,x_{i+k}]-f[x_i,x_{i+1},\cdots,x_{i+k-1}])}{x_{i+k}-x_i}\\
=&k!h^k f[x_i,x_{i+1},\cdots,x_{i+k}],
\end{aligned}
$$

即 $n=k$ 时, 命题也成立, 由数学归纳法知, 原命题成立. □

2.10　利用差分性质证明:

$$g(n) = 1^3 + 2^3 + \cdots + n^3 = \left[\frac{n(n+1)}{2}\right]^2.$$

[提示: 考虑差分 $\Delta g(n) = g(n+1) - g(n)$, 并利用差分和函数值可互相表示.]

证明　记 $f(n) = [n(n+1)/2]^2$, $g(n) = 1^3 + 2^3 + \cdots + n^3$. 有

$$\Delta f(n) = f(n+1) - f(n) = (n+1)^3,$$

故

$$\begin{aligned} g(n) &= \sum_{k=0}^{n-1} \Delta f(k) = \sum_{k=0}^{n-1} [f(k+1) - f(k)] \\ &= f(n) - f(0) = [n(n+1)/2]^2. \end{aligned}$$

□

2.11　分别利用 Newton 向前与向后插值公式及数据

x_i	0.0	0.2	0.4	0.6	0.8
$f(x_i)$	1.00000	1.22140	1.49182	1.82212	2.22554

计算 $f(0.05)$ 与 $f(0.65)$ 的近似值.

解　以 Newton 向前插值公式为例, 计算 $f(0.05)$ 的近似值. 首先根据已知数据, 构造以下差分表.

x_i	f_i	Δf_i	$\Delta^2 f_i$	$\Delta^3 f_i$	$\Delta^4 f_i$
0.0	1.00000				
		0.22140			
0.2	1.22140		0.04902		
		0.27042		0.01086	
0.4	1.49182		0.05988		0.00238
		0.33030		0.1324	
0.6	1.82212		0.07312		
		0.40342			
0.8	2.22554				

$h = 0.2$ 时, $0.05 = x_0 + th \Rightarrow t = 0.25$, 故

$$\begin{aligned} N_4(0.05) =& f_0 + \frac{\Delta f_0}{1!}t + \frac{\Delta^2 f_0}{2!}t(t-1) + \frac{\Delta^3 f_0}{3!}t(t-1)(t-2) \\ &+ \frac{\Delta^4 f_0}{4!}t(t-1)(t-2)(t-3) \\ =& 1 + 0.22140 \times 0.25 + \frac{0.04902}{2} \times 0.25 \times (-0.75) \end{aligned}$$

$$
\begin{aligned}
&+\frac{0.01086}{6}\times 0.25\times(-0.75)\times(-1.75)\\
&+\frac{0.00238}{24}\times 0.25\times(-0.75)\times(-1.75)\times(-2.75)\\
=&1.05112.
\end{aligned}
$$
□

2.12　给出自然对数 $\ln x$ 和它的导数 $1/x$ 的数表如下：

x	0.50	0.70
$\ln x$	−0.693147	−0.356675
$1/x$	2.00	1.43

利用 Hermite 插值公式求 $\ln 0.60$.

解　两点三次 Hermite 插值公式为

$$
\begin{aligned}
H_3(x)=&\left(1+2\frac{x-x_0}{x_1-x_0}\right)\left(\frac{x_1-x}{x_1-x_0}\right)^2 f_0\\
&+\left(1+2\frac{x_1-x}{x_1-x_0}\right)\left(\frac{x-x_0}{x_1-x_0}\right)^2 f_1\\
&+\frac{(x-x_0)(x_1-x)^2}{(x_1-x_0)^2}f_0'-\frac{(x_1-x)(x-x_0)^2}{(x_1-x_0)^2}f_1'.
\end{aligned}
$$

将 $x_0=0.50$, $x_1=0.70$, $x=0.60$ 和 f_0,f_1,f_0',f_1' 的值代入上式可求得

$$
\begin{aligned}
H_3(0.6)=&\left(1+2\times\frac{0.1}{0.2}\right)\left(\frac{0.1}{0.2}\right)^2(-0.693147)\\
&+\left(1+2\times\frac{0.1}{0.2}\right)\left(\frac{0.1}{0.2}\right)^2\times(-0.356675)\\
&+\frac{0.1\times 0.1^2}{0.2^2}\times 2.00-\frac{0.1\times 0.1^2}{0.2^2}\times 1.43\\
=&-0.5\times 0.693147-0.5\times 0.356675\\
&+0.025\times 2-0.025\times 1.43\\
=&(2-1.43)\times 0.025-0.5\times(0.693147+0.356675)\\
=&0.01425-0.524911\\
=&-0.510661.
\end{aligned}
$$
□

2.13　寻找一个 $2n-1$ 次多项式 $p_{2n-1}(x)$ 满足插值条件：

$$
p_{2n-1}(a)=f(a),
$$

$$p'_{2n-1}(a) = f'(a),$$
$$\cdots,$$
$$p_{2n-1}^{(n-1)}(a) = f^{(n-1)}(a),$$

$$p_{2n-1}(b) = f(b),$$
$$p'_{2n-1}(b) = f'(b),$$
$$\cdots,$$
$$p_{2n-1}^{(n-1)}(b) = f^{(n-1)}(b).$$

解 $p_{2n-1}(x) = \sum_{i=1}^{2}\sum_{k=0}^{n-1} f_i^{(k)} \cdot h_{i,k}(x)$, 其中

$$f_1^{(k)} = f^{(k)}(a), \quad f_2^{(k)} = f^{(k)}(b),$$

$h_{i,k}$ 满足

$$h_{i,k}^{(l)}(x_j) = \begin{cases} 1, & i=j, l=k, \\ 0, & \text{其他}, \end{cases} \qquad i,j=1,2;\ k,l=0,1,\cdots,n-1,$$

其中 $x_1 = a, x_2 = b$. □

2.14 设 $x_0 = 0, x_2 = 1, x_1 \in (0,1)$, 已知

$$f(x_0) = f_0, \quad f'(x_1) = f'_1, \quad f(x_2) = f_2, \tag{I}$$

要求一个插值多项式 $p \in P_2$ 且满足

$$p(x_0) = f_0, \quad p'(x_1) = f'_1, \quad p(x_2) = f_2.$$

(1) 当 x_1 满足什么条件时, 上述插值问题是适定的;

(2) 当插值问题适定时, 求出 $p(x)$;

(3) 试对 (2) 中求出的 $p(x)$ 进行误差分析.

解 (1) 将 $p(x)$ 待定为 $p(x) = a + bx + cx^2$, 由插值条件 (I), 可得一个关于待定参数 a, b, c 的线性代数方程组

$$\begin{cases} a = f_0, \\ b + 2cx_1 = f'_1, \\ a + b + c = f_2. \end{cases} \tag{II}$$

记方程组 (Ⅱ) 的系数矩阵为 A, 则插值问题适定等价于 (Ⅱ) 有唯一解, 亦等价于 $\det(A) \neq 0$. 而由 (Ⅱ) 易求得

$$\det(A) = 1 - 2x_1,$$

因此, 当 $x_1 \neq 1/2$ 时, 插值问题是适定的.

(2) 当 $x_1 \neq 1/2$ 时, 求解方程组 (Ⅱ) 可得

$$\begin{aligned} &a = f_0, \quad b = \frac{2x_1(f_2 - f_0) - f_1'}{2x_1 - 1}, \\ &c = \frac{f_1' - f_2 + f_0}{2x_1 - 1}, \end{aligned}$$

从而可求得 $p(x)$.

(3) 记插值误差 $R_2(x) = f(x) - p(x)$, 显然当 $x = 0, 1$ 时, $R(x) = 0$, 以下设 $x \neq 0, 1$. 对固定的 $x \in [0, 1]$, 构造 $[0, 1]$ 上的辅助函数 F,

$$F(t) = f(t) - p(t) - W(t), \tag{Ⅲ}$$

其中 $W \in P_3$, 且满足

$$\begin{cases} W(0) = 0, W'(x_1) = 0, W(1) = 0, \\ W(x) = f(x) - p(x). \end{cases} \tag{Ⅳ}$$

由 $W(0) = 0$, $W(1) = 0$ 知, 0 和 1 是 $W(t)$ 的两个零点, 又 $W \in P_3$, 故可将 $W(t)$ 待定成

$$W(t) = t(t-1)(mt + n),$$

再利用 $W'(x_1) = 0$, $W(x) = f(x) - p(x)$, 可得

$$\begin{cases} (3x_1^2 - 2x_1)m + (2x_1 - 1)n = 0, \\ xm + n = \dfrac{R_2(x)}{x(x-1)}. \end{cases}$$

从上述方程组可解得

$$m = \frac{2x_1 - 1}{x(x-1)(2x_1 x - x - 3x_1^2 + 2x_1)} R_2(x).$$

由 (Ⅲ) 和 (Ⅳ) 知, $F(t)$ 在区间 $[0, 1]$ 上有三个零点 $0, x, 1$, 利用 Rolle 定理, $F'(t)$ 在区间 $[0, 1]$ 上至少有两个与 $0, 1$ 互异的零点. 注意

$$F'(x_1)=0,$$

故 $F'(t)$ 在区间 $[0,1]$ 上至少有三个互异的零点. 对 $F'(t)$ 应用 Rolle 定理可知 $F''(t)$ 在区间 $[0,1]$ 上至少有两个零点. 再对 $F''(t)$ 应用 Rolle 定理可知, 在区间 $(0,1)$ 上存在一点 ξ, 使得 $F^{(3)}(\xi)=0$, 即

$$F^{(3)}(\xi)=f^{(3)}(\xi)-W^{(3)}(\xi)=0.$$

由上式并注意 $W^{(3)}(\xi)=m$, 可得

$$f^{(3)}(\xi)=\frac{2x_1-1}{x(x-1)(2x_1x-x-3x_1^2+2x_1)}R_2(x),$$

即

$$R_2(x)=\frac{f^{(3)}(\xi)}{2x_1-1}x(x-1)(2x_1x-x-3x_1^2+2x_1),\quad \xi\in(0,1).$$ □

2.15　设 $f(x)\in C^4[a,b]$, 且 x_{i_1} 和 x_{i_2} 为剖分单元 e_i 的三等分点, 试给出区间 $[a,b]$ 的分段三次 Lagrange 插值多项式的误差估计.

解　利用三次 Lagrange 插值多项式的误差余项公式可知：当 $x\in e_i(i=1,2,\cdots,n)$ 时, 有

$$f(x)-u(x)=\frac{f^{(4)}(\xi_i)}{4!}(x-x_{i-1})(x-x_{i_1})(x-x_{i_2})(x-x_i),\quad \xi_i\in(x_{i-1},x_i),$$

因此

$$|f(x)-u(x)|\leqslant\frac{1}{4!}\max_{x_{i-1}\leqslant x\leqslant x_i}\left|f^{(4)}(x)\right|\cdot|(x-x_{i-1})(x-x_{i_1})(x-x_{i_2})(x-x_i)|.$$

因为 x_{i_1} 和 x_{i_2} 为剖分单元 e_i 的三等分点, 故

$$\max_{x_{i-1}\leqslant x\leqslant x_i}|(x-x_{i-1})(x-x_{i_1})(x-x_{i_2})(x-x_i)|=\frac{9}{16}h_i^4,$$

从而在整个区间 $[a,b]$ 上有

$$|f(x)-u(x)|\leqslant\frac{3h^4}{128}\max_{a\leqslant x\leqslant b}\left|f^{(4)}(x)\right|,$$

其中 $h=\max\limits_{1\leqslant i\leqslant n}h_i$. □

2.16　设 $f(x)=x^4$, 求 $f(x)$ 在区间 $[0,1]$ 上的分段三次 Hermite 插值函数 $f_h(x)$, 并估计误差, 取等距节点且 $h=1/10$.

解　$x_i=x_0+ih,\quad i=0,1,\cdots,10,\ h=1/10,\ x_0=0.$

$\forall x\in e_i=[x_{i-1},x_i],\ i=1,2,\cdots,10$, 有

$$\begin{aligned}f_n(x)=&f(x_{i-1})+f[x_{i-1},x_{i-1}](x-x_{i-1})\\&+f[x_{i-1},x_{i-1},x_i](x-x_{i-1})^2\\&+f[x_{i-1},x_{i-1},x_i,x_i](x-x_{i-1})^2(x-x_i),\end{aligned}$$

$$\begin{aligned}|f(x)-f_h(x)|&=\left|f[x,x_{i-1},x_{i-1},x_i,x_i](x-x_i)^2(x-x_{i-1})^2\right|\\&\leqslant\frac{f^{(4)}(\xi)}{4!}\max\left|(x-x_{i-1})(x-x_i)\right|^2\quad(\xi\in[0,1])\\&=\max\left|(x-x_{i-1})(x-x_i)\right|^2\\&=\frac{h}{2}\cdot\frac{h}{2}=\frac{h^2}{4}=\frac{1}{400}.\end{aligned}$$

□

2.17　设 $f(x)\in C^2[0,1]$ 且 $f(0)=0,\ f(1/2)=f(1)=1$, 证明:

$$\int_0^1[f''(x)]^2\mathrm{d}x\geqslant 12.$$

证明　取

$$x_0=0,\quad x_1=\frac{1}{2},\quad x_2=1,\quad h=\frac{1}{2};$$

$$f_0=0,\quad f_1=1,\quad f_2=1.$$

记 $M_i=s''(x_i)$, $i=0,\ 1,\ 2$, 有

$$\begin{aligned}S_1''(x)&=M_0\frac{x_1-x}{h}+M_1\frac{x-x_0}{h}\\&=2M_0\left(\frac{1}{2}-x\right)+2M_1x,\end{aligned}$$

$$S_2''(x)=2M_1(1-x)+2M_2\left(x-\frac{1}{2}\right).$$

又三弯矩方程为 ($f[x_0,\ x_1,\ x_2]=-2$)

$$\begin{aligned}&M_0+4M_1+M_2=-24,\\&M_1=-\frac{1}{4}(24+M_0+M_2).\end{aligned}$$

分段积分

$$\begin{aligned}\int_0^1 [s''_\Delta(x)]^2 \mathrm{d}x &= \int_0^{1/2} [s''_1(x)]^2 \mathrm{d}x + \int_{1/2}^1 [s''_2(x)]^2 \mathrm{d}x \\ &= 4\int_0^{1/2} \left[M_1 x + M_0\left(\frac{1}{2} - x\right)\right]^2 \mathrm{d}x \\ &\quad + 4\int_{1/2}^1 \left[M_1(1-x) + M_2\left(x - \frac{1}{2}\right)\right]^2 \mathrm{d}x \\ &= 4\int_{1/2}^1 \left[M_1\left(x - \frac{1}{2}\right) + M_0(1-x)\right]^2 \mathrm{d}x \\ &\quad + 4\int_{1/2}^1 \left[M_1(1-x) + M_2\left(x - \frac{1}{2}\right)\right]^2 \mathrm{d}x.\end{aligned}$$

由于

$$\int_{1/2}^1 \left(x - \frac{1}{2}\right)^2 \mathrm{d}x = \frac{1}{24},$$

$$\int_{1/2}^1 (1-x)^2 \mathrm{d}x = \frac{1}{24},$$

$$\int_{1/2}^1 \left(x - \frac{1}{2}\right)(1-x)\mathrm{d}x = \frac{1}{48},$$

于是

$$\int_0^1 (S''_\Delta(x))^2 \mathrm{d}x = \frac{1}{6}[M_0^2 + M_0 M_1 + 2M_1^2 + M_1 M_2 + M_2^2].$$

又 $M_1 = -\frac{1}{4}(24 + M_0 + M_2)$.

记

$$\begin{aligned}I(M_0, M_2) &= \int_0^1 (S''_\Delta(x))^2 \mathrm{d}x \\ &= \frac{1}{6}\left[M_0^2 + M_2^2 - \frac{1}{4}(24 + M_0 + M_2)(M_0 + M_2)\right. \\ &\quad \left. + \frac{1}{8}(24 + M_0 + M_2)^2\right].\end{aligned}$$

由 $\frac{\mathrm{d}I}{\mathrm{d}M_0} = 0$, $\frac{\mathrm{d}I}{\mathrm{d}M_2} = 0$, 得 $\begin{cases} 7M_0 - M_2 = 0, \\ -M_0 + 7M_2 = 0, \end{cases}$ 即当 $M_0 = M_2 = 0$ 时, $I(M_0,\ M_2)$ 达到最小. 故

$$\int_0^1 (S''_\Delta(x))^2 \mathrm{d}x \geqslant \frac{1}{6} \cdot \frac{1}{8} \cdot (24)^2 = 12,$$

由最小模原理得

$$\int_0^1 [f''(x)]^2 \mathrm{d}x \geqslant 12. \qquad \square$$

2.18　定义如下分段三次 Lagrange 多项式插值问题：求 $u \in Sp(3;0;\Delta)$, 满足插值条件

$$u(x_i) = f_i, \quad i = 0,1,\cdots,n,$$

$$u(x_{k_j}) = f_{k_j}, \quad j = 1,2; k = 1,2,\cdots,n,$$

其中 $x_{k_j}, j = 1,2$ 表示第 k 个剖分单元内的两个互异的点. 试求出 $u(x)$ 的分段表达式.

解　显然, 该插值问题的解是存在且唯一的, 并且其解函数 $u(x)$ 可以被局部确定, 即在每个剖分单元 e_i 上, 利用关于插值点 $x_{i-1}, x_{i_1}, x_{i_2}, x_i$ 的三次 Lagrange 插值公式, 即可得到 $u(x)$ 的分段表达式

$$\begin{aligned} u(x) = & f_{i-1} \cdot l_{i-1}(x) + f_{i_1} \cdot l_{i_1}(x) + f_{i_2} \cdot l_{i_2}(x) \\ & + f_i \cdot l_i(x), \quad x \in e_i, \ i = 1,2,\cdots,n, \end{aligned}$$

其中

$$\begin{aligned} l_{i-1}(x) &= \frac{(x - x_{i_1})(x - x_{i_2})(x - x_i)}{(x_{i-1} - x_{i_1})(x_{i-1} - x_{i_2})(x_{i-1} - x_i)}, \\ l_{i_1}(x) &= \frac{(x - x_{i-1})(x - x_{i_2})(x - x_i)}{(x_{i_1} - x_{i-1})(x_{i_1} - x_{i_2})(x_{i_1} - x_i)}, \\ l_{i_2}(x) &= \frac{(x - x_{i-1})(x - x_{i_1})(x - x_i)}{(x_{i_2} - x_{i-1})(x_{i_2} - x_{i_1})(x_{i_2} - x_i)}, \\ l_i(x) &= \frac{(x - x_{i-1})(x - x_{i_1})(x - x_{i_2})}{(x_i - x_{i-1})(x_i - x_{i_1})(x_i - x_{i_2})}. \end{aligned} \qquad \square$$

2.19　将定理 2.8 证明过程中的待定系数 M_i 换成 $m_i = s'(x_i)(i = 0,1,\cdots,n)$ 后再证明之, 并利用三转角方程来求解例 2.13.

证明　记 $m_i = s'(x_i)(i = 0,1,\cdots,n)$, 将其设为待定参数. 利用两点 Hermite 插值公式, 可得 $s(x)$ 的分段表达式

$$\begin{aligned} s(x) = & m_{i-1} \frac{(x_i - x)^2 (x - x_{i-1})}{h_i^2} - m_i \frac{(x - x_{i-1})^2 (x_i - x)}{h_i^2} \\ & + f_{i-1} \frac{(x_i - x)^2 [2(x - x_{i-1}) + h_i]}{h_i^3} \\ & + f_i \frac{(x - x_{i-1})^2 [2(x_i - x) + h_i]}{h_i^3}, \quad x \in e_i. \end{aligned} \tag{1}$$

由 (1) 可知, 要证 $s(x)$ 唯一存在, 只需证明 $m_i(i=0,1,\cdots,n)$ 可被唯一确定. 对 $s(x)$ 求二阶导数, 有

$$\begin{aligned} s''(x)=&-2m_{i-1}\frac{2x_i+x_{i-1}-3x}{h_i^2}-2m_i\frac{2x_{i-1}+x_i-3x}{h_i^2}\\ &+6\frac{f_i-f_{i-1}}{h_i^3}(x_i+x_{i-1}-2x). \end{aligned} \tag{2}$$

显然, $s(x)$ 和 $s'(x)$ 在区间 $[a,b]$ 上连续, 由连接条件, 我们还要求

$$s''(x_i+0)=s''(x_i-0),\quad i=1,2,\cdots,n-1. \tag{3}$$

由 (2), 有

$$\begin{cases} s''(x_i-0)=\dfrac{2m_{i-1}}{h_i}+\dfrac{4m_i}{h_i}-6\dfrac{f_i-f_{i-1}}{h_i^2},\\ s''(x_{i-1}+0)=-\dfrac{4m_{i-1}}{h_i}-\dfrac{2m_i}{h_i}+6\dfrac{f_i-f_{i-1}}{h_i^2}. \end{cases}$$

利用上式, 条件 (3) 就变成

$$\lambda_i m_{i-1}+2m_i+\mu_i m_{i+1}=c_i,\quad i=1,2,\cdots,n-1, \tag{4}$$

其中 $\lambda_i=\dfrac{h_{i+1}}{h_i+h_{i+1}}$, $\mu_i=1-\lambda_i$, $c_i=3\lambda_i\dfrac{f_i-f_{i-1}}{h_i}+3\mu_i\dfrac{f_{i+1}-f_i}{h_{i+1}}$.

此外, 利用附加边界条件, 有

$$m_0=f_0',\quad m_n=f_n'. \tag{5}$$

联立 (4) 和 (5) 可以得到一个关于待定系数 $m_i(i=0,1,\cdots,n)$ 的 $n+1$ 阶线性代数方程组, 显然其系数矩阵对角占优, 因而非奇异, 故可唯一解出 m_i, 从而证得 I 型三次样条插值问题的解存在且唯一. □

2.20 对任意非负整数 k, 证明: $x_+^k+(-1)^k(-x)_+^k=x^k$.

证明 当 $x\geqslant 0$ 时, 左端 $=x_+^k+(-1)^k(-x)_+^k=x^k$; 当 $x<0$ 时, 左端 $=(-1)^k(-x)^k=x^k$. □

2.21 设 $x_1<x_2<\cdots<x_n$, 如下样条函数:

$$s(x)=a_0+a_1x+\sum_{j=1}^{n}c_j(x-x_j)_+^3$$

当在 $(-\infty, x_1)$ 和 $(x_n, +\infty)$ 上变为一次多项式时, 称为三次自然样条.证明：当且仅当系数 c_j 满足关系 $\sum_{j=1}^{n} c_j = 0, \sum_{j=1}^{n} c_j x_j = 0$ 时, $s(x)$ 才是三次自然样条.

证明 $S(x)$ 为三次自然样条, 等价于证明 $S''(x) = 0$, 当 $x \in (-\infty,\ x_1)$ 和 $x \in (x_n,\ +\infty)$ 时.

当 $x \in (-\infty,\ x_1)$, 此时 $S(x) = a_0 + a_1 x$, 所以 $S''(x) \equiv 0$.

当 $x \in (x_n,\ +\infty)$, 此时 $S(x) = a_0 + a_1 x + \sum_{j=1}^{n} c_j (x - x_j)^3$, 于是

$$\begin{aligned} S''(x) &= 6 \sum_{j=1}^{n} c_j (x - x_j) \\ &= 6 \left(\sum_{j=1}^{n} c_j \right) x - 6 \sum_{j=1}^{n} c_j x_j, \end{aligned}$$

可见 $s''(x) \equiv 0$, 等价于

$$\sum_{j=1}^{n} c_j = 0, \quad \sum_{j=1}^{n} c_j x_j = 0.$$

□

2.22 已知插值条件如下表所示:

x	1	2	3
$f(x)$	2	4	12
$f'(x)$	1		−1

求相应的三次插值样条函数.

解 利用三弯矩方法 $M_i = s''(x_i)$, $i = 0,\ 1,\ 2$,

$$x_0 = 1, \quad x_2 = 2, \quad x_2 = 3,$$

$$\begin{cases} 2M_0 + M_1 = 6, \\ M_0 + 4M_1 + M_2 = 36, \\ M_1 + 2M_2 = -54, \end{cases}$$

解得 $M_0 = -7$, $M_1 = 20$, $M_2 = -37$.

$x \in [1,\ 2]$ 时,

$$s_1(x) = \frac{9}{2} x^3 - 17x^2 + \frac{43}{2} x - 7;$$

$x \in [2,\ 3]$ 时,

$$s_2(x) = -\frac{19}{2}x^3 + 67x^2 - \frac{293}{2}x + 105. \qquad \square$$

2.23 (最小模性质) 若 $f \in C^2[a,b]$, $s_{\rm I}(x)$ 是 I 型三次插值样条函数, 则

$$\int_a^b [s_{\rm I}''(x)]^2 {\rm d}x \leqslant \int_a^b [f''(x)]^2 {\rm d}x, \tag{1}$$

而且等号仅当 $f(x) \equiv s_{\rm I}(x)$ 时成立.

证明 利用引理 2.1, 特别取 $g(x) = s_{\rm I}(x)$, 有

$$\int_a^b [f''(x) - s_{\rm I}''(x)] \cdot s_{\rm I}''(x){\rm d}x = 0,$$

即

$$\int_a^b [s_{\rm I}''(x)]^2 {\rm d}x = \int_a^b f''(x) \cdot s_{\rm I}''(x){\rm d}x. \tag{2}$$

利用 Cauchy-Schwarz 不等式, 有

$$\begin{aligned} &\int_a^b f''(x) \cdot s_{\rm I}''(x){\rm d}x \\ \leqslant &\sqrt{\int_a^b [f''(x)]^2 {\rm d}x} \cdot \sqrt{\int_a^b [s_{\rm I}''(x)]^2 {\rm d}x}. \end{aligned} \tag{3}$$

将 (3) 代入 (2), 两边约去 $\sqrt{\int_a^b [s_{\rm I}''(x)]^2 {\rm d}x}$ 后再平方, 即可证得 (1).

下面考虑等号成立的情形, 即

$$\int_a^b [s_{\rm I}''(x)]^2 {\rm d}x = \int_a^b [f''(x)]^2 {\rm d}x.$$

由上式, 并利用引理 2.1 有

$$\begin{aligned} \int_a^b [f''(x) - s_{\rm I}''(x)]^2 {\rm d}x &= \int_a^b [f''(x)]^2 {\rm d}x - \int_a^b [s_{\rm I}''(x)]^2 {\rm d}x \\ &\quad - 2\int_a^b [f''(x) - s_{\rm I}''(x)] \cdot s_{\rm I}''(x){\rm d}x \\ &= \int_a^b [f''(x)]^2 {\rm d}x - \int_a^b [s_{\rm I}''(x)]^2 {\rm d}x = 0, \end{aligned}$$

由此知 $f(x)-s_{\mathrm{I}}(x)$ 为线性函数. 又注意 $f(x)-s_{\mathrm{I}}(x)$ 在 $[a,b]$ 上至少有两个零点 (因为所有剖分节点均是零点), 所以 $f(x)-s_{\mathrm{I}}(x)\equiv 0$. □

2.24 求证:

$$B_4(0)=\frac{115}{192},\quad B_4(\pm 1)=\frac{19}{96},\quad B_4(\pm 2)=\frac{1}{384}.$$

解 可由递推关系式

$$B_4(x)=\frac{1}{4}\left[\left(\frac{5}{2}-x\right)B_3\left(x-\frac{1}{2}\right)+\left(\frac{5}{2}+x\right)B_3\left(x+\frac{1}{2}\right)\right]$$

知 $B_3(x)$ 在 0, ±1, ±1/2, ±2, ±3/2 的值, 求出 $B_4(x)$ 于 $x=0,\ \pm 1,\ \pm 2$ 的值. □

2.25 证明等距 B 样条 $B_k(x)$ 可定义为

$$B_0(x)=\begin{cases}1, & |x|<1/2,\\ 1/2, & |x|=1/2,\\ 0, & |x|>1/2,\end{cases}\qquad B_{k+1}(x)=\int_{-\infty}^{+\infty}B_0(t)B_k(x-t)\mathrm{d}t.$$

证明 回顾 k 阶 B 样条的定义:

$$B_k(x)=\delta^{k+1}\left(\frac{x_+^k}{k!}\right).$$

现利用数学归纳法证明结果

$$B_{k+1}(x)=\int_{-\infty}^{\infty}B_0(t)B_k(x-t)\mathrm{d}t. \tag{1}$$

当 $k=0$ 时, 由于

$$\begin{aligned}\int_{-\infty}^{\infty}B_0(t)\cdot B_0(x-t)\mathrm{d}t&=\int_{-1/2}^{1/2}B_0(x-t)\mathrm{d}t=\int_{x-1/2}^{x+1/2}B_0(u)\mathrm{d}t\\ &=(x+1)_+^1-2x_+^1+(x-1)_+^1=\delta^2(x_+)=B_1(x),\end{aligned}$$

故 $k=0$ 时式 (1) 成立.

现设当 $k=n-1$ 时式 (1) 成立, 即

$$B_n(x)=\int_{-\infty}^{\infty}B_0(t)\,B_{n-1}(x-t)\mathrm{d}t.$$

考虑积分

$$\begin{aligned}\int_{-\infty}^{\infty} B_0(t)B_n(x-t)\mathrm{d}t &= \int_{x-1/2}^{x+1/2} B_n(u)\mathrm{d}u \\ &= \int_{x-1/2}^{x+1/2} \delta^{n+1}(u_+^n/n!)\mathrm{d}u = \delta^{n+1}\left[u_+^{n+1}/(n+1)!\right]\Big|_{x-1/2}^{x+1/2} \\ &= \delta^{n+1}\left[\left(x+\frac{1}{2}\right)_+^{n+1}\Big/(n+1)! - \left(x-\frac{1}{2}\right)_+^{n+1}\Big/(n+1)!\right] \\ &= \delta^{n+2}\left[\frac{(x)_+^{n+1}}{(n+1)!}\right] = B_{n+1}(x).\end{aligned}$$

□

2.26 证明 B 样条的正性:

$$B_k(x) > 0, \quad |x| < \frac{k+1}{2}.$$

证明 数学归纳法.

$$B_1(x) = \begin{cases} 0, & x \geqslant 1, \\ 1-x, & 0 \leqslant x \leqslant 1, \\ B_1(-x), & x < 0, \end{cases}$$

于是, 当 $|x| < 1$ 时, $B_1(x) > 0$.

归纳法假设 $B_{k-1}(x) > 0$, 当 $|x| < k/2$ 时,

$$\begin{aligned}B_k(x) =& \frac{1}{k}\left[\left(\frac{k+1}{2}-x\right)B_{k-1}\left(x-\frac{1}{2}\right)\right. \\ &\left.+\left(\frac{k+1}{2}+x\right)B_{k-1}\left(x+\frac{1}{2}\right)\right].\end{aligned}$$

下面证明当 $0 \leqslant x < \dfrac{k+1}{2}$ 时, $B_k(x) > 0$.

此时 $\dfrac{k+1}{2} - x > 0$, $\dfrac{k+1}{2} + x > 0$. 又

$$B_{k-1}\left(x-\frac{1}{2}\right) > 0,$$

$$\text{当 } 0 \leqslant x < \frac{k}{2}\text{时}, \quad B_{k-1}\left(x+\frac{1}{2}\right) > 0,$$

$$\text{当 } \frac{k}{2} \leqslant x < \frac{k+1}{2}\text{时}, \quad B_{k-1}\left(x+\frac{1}{2}\right) = 0,$$

故

$$\text{当 } 0 \leqslant x < \frac{k+1}{2} \text{时，} \quad B_k(x) > 0.$$

由于 $B_k(-x) = B_k(x)$, 故

$$\text{当 } -\frac{k+1}{2} < x \leqslant 0 \text{时，} \quad B_k(x) > 0.$$

□

第 3 章　函数基本逼近 (二)—— 最佳逼近

3.1　证明: 若 E 为狭义线性赋范空间, M 为 E 的有限维子空间, 则对 $\forall f \in E, f \notin M$, 在 M 中存在唯一的元素 f 的最佳逼近元素.

证明　E 为狭义线性赋范空间, 指 $\|x+y\| = \|x\| + \|y\|$ 当且仅当 $x = \alpha y$, $\alpha > 0$.

设 $\psi_1, \psi_2 \in M$ 为 f 的最佳逼近元素, 有

$$u = \| f - \psi_1\| = \| f - \psi_2 \| .$$

作 $\psi = \dfrac{1}{2}(\psi_1 + \psi_2) \in M$, 有

$$\begin{aligned} u \leqslant \|f - \psi\| &= \left\| \frac{1}{2}(f - \psi_1) + \frac{1}{2}(f - \psi_2) \right\| \\ &\leqslant \frac{1}{2} \|f - \psi_1\| + \frac{1}{2} \|f - \psi_2\| = u, \end{aligned}$$

于是

$$\begin{aligned} &\left\| \frac{1}{2}(f - \psi_1) + \frac{1}{2}(f - \psi_2) \right\| \\ =&\frac{1}{2}(\| f - \psi_1 \| + \| f - \psi_2 \|). \end{aligned}$$

由 E 为狭义线性赋范空间, 有

$$f - \psi_1 = \alpha(f - \psi_2), \quad \alpha > 0.$$

若 $\alpha \neq 1$, 则 $(1-\alpha)f = \psi_1 - \alpha\psi_2$, 得出 $f \in M$, 又题设 $f \notin M$, 从而得 $\alpha = 1$, 于是 $\psi_1 = \psi_2$, 唯一性得证. □

3.2　设 $f(x), g(x) \in C^1[a,b]$, 定义 $(f,g) = \displaystyle\int_a^b f'(x)g'(x)\mathrm{d}x$, 问 $(\cdot,\cdot)$ 是否为内积? 令空间

$$C_0^1[a,b] = \{f(x) | f(a) = 0, f(x) \in C^1[a,b]\},$$

若将 f,g 限制在子空间 $C_0^1[a,b]$ 中, 上述 $(\cdot,\cdot)$ 是否构成内积.

解　(1) $(f,\ g)=\int_a^b f'(x)\cdot g'(x)\mathrm{d}x$ 不是 $c'(a,\ b)$ 中的内积. 事实上, 容易验证

$$(f,\ g)=(g,\ f),\quad (\lambda f,\ g)=\lambda(f,\ g),$$

$$(f+g,w)=(f,w)+(g,w),$$

但是, $(f,\ f)=0$ 当且仅当 $f(x)\equiv 0$. 条件不满足, 因为

$$(f,f)=\int_a^b f'(x)\cdot f'(x)\mathrm{d}x=0,$$

推出 $f'(x)\equiv 0,\ f(x)=\mathrm{const}\neq 0$. 因而 $(f,\ g)$ 不是 $C^1(a,\ b)$ 中的内积.

(2) $(f,\ g)$ 是空间 $C_0^1[a,\ b]=\left\{f(x):\ f(a)=0,\ f'(x)\in C^1[a,\ b]\right\}$ 的内积, 这是因为

$$(f,\ f)=0 \text{ 推出 } f'(x)=0,\quad f(x)=C,\ \text{又 } f\in C_0^1[a,\ b],\ \text{故 } f(x)=0.$$ □

3.3　设 A 为任意的 n 阶实对称正定矩阵, $\mathbb{R}^n$ 为 n 维实向量空间, 对 $\forall x\in\mathbb{R}^n$, 试证明定义式

$$(x,x)_A=(Ax,x)$$

为 $\mathbb{R}^n$ 的一个内积 (称为 A 内积).

证明　只需验证 $(\cdot,\cdot)_A$ 满足内积的 4 条性质:

(1) $(x,y)_A=(Ax,y)=(x,Ay)=(Ay,x)=(y,x)_A,\forall x,y\in\mathbb{R}^n$.

(2) $(\lambda x,y)_A=(\lambda Ax,y)=\lambda(Ax,y)=\lambda(x,y)_A,\forall x,y\in\mathbb{R}^n,\lambda\in\mathbb{R}$.

(3) $(x+y,z)_A=(A(x+y),z)=(Ax,z)+(Ay,z)=(x,z)_A+(y,z)_A,\forall x,y,z\in\mathbb{R}^n$.

(4) $(x,x)_A=(Ax,x)\geqslant 0,\forall x\in\mathbb{R}^n$ 且 $(x,x)_A=0\Rightarrow x=0$. □

3.4　设 $f(x)\in C[0,1]$, 相应的 n 次伯恩斯坦多项式定义为

$$B_n(x)=\sum_{k=0}^{n}\binom{k}{n}f\left(\frac{k}{n}\right)x^k(1-x)^{n-k},$$

其中 $\binom{k}{n}=\dfrac{n!}{k!(n-k)!}$. 证明: $B_nf\to f$, 对 $f(x)=1,\ x$ 和 x^2 成立.

证明　(1) $f(x)=1$, 这时

$$B_n(x)=\sum_{k=0}^{n}\binom{k}{n}x^k(1-x)^{n-k}=[x+(1-x)]^n=1,\quad B_n(x)\to 1.$$

(2) $f(x)=x$, 此时

$$\begin{aligned}B_n(x)&=\sum_{k=0}^{n}\binom{k}{n}\cdot\frac{k}{n}x^k(1-x)^{n-k}\\&=\sum_{k=0}^{n}\binom{k-1}{n-1}x^k(1-x)^{n-k}\\&=x\sum_{k=0}^{n}\binom{k-1}{n-1}x^{k-1}(1-x)^{(n-1)-(k-1)}.\end{aligned}$$

令 $k-1=k'$, $\binom{-1}{n-1}=0$, 有

$$B_n(x)=x\sum_{k=0}^{n-1}\binom{k'}{n-1}x^{k'}(1-x)^{(n-1)-k'}=x,\quad B_n(x)\to x.$$

(3) $f(x)=x^2$, 此时

$$\begin{aligned}B_n(x)&=\sum_{k=0}^{n}\binom{k}{n}\left(\frac{k}{n}\right)^2x^k(1-x)^{n-k}\\&=\sum_{k=1}^{n}\frac{k}{n}\binom{k-1}{n-1}x^k(1-x)^{n-k}\\&=\frac{n-1}{n}\sum_{k=1}^{n}\frac{k-1}{n-1}\binom{k-1}{n-1}x^k(1-x)^{n-k}\\&\quad+\frac{1}{n}\sum_{k=1}^{n}\binom{k-1}{n-1}x^k(1-x)^{n-k}\\&=\frac{n-1}{n}x^2+\frac{1}{n}x\to x^2.\end{aligned}$$

□

3.5 设 $f(x)\in C^2[a,b],f''(x)\neq 0$. 若设 $f(x)$ 在 $[a,b]$ 上的一次最佳一致逼近多项式为 $p_1(x)=\alpha_0+\alpha_1x$.

(1) 求证: $\alpha_1=f'(c)=\dfrac{f(b)-f(a)}{b-a}$, $\alpha_0=\dfrac{f(a)+f(c)}{2}-\dfrac{f(b)-f(a)}{b-a}\cdot\dfrac{a+c}{2}$;

(2) 利用 (1) 的结论, 求 $f(x)=\cos x$, 在 $[0,\pi/2]$ 上的一次最佳一致逼近多项式, 并估计误差.

解　(1) 由于 $f\in C^2[a,\ b]$, $f''(x)\neq 0$, 则 $f''(x)$ 于 $[a,\ b]$ 上保号, 由定理 3.4 的推论 3.2 可知: $f(x)-p_1(x)$ 的交错点组恰有三个交错点, 且 $x_1=a$, $x_3=b$, 即

$$\begin{cases} e(x_1)=f(x_1)-(\alpha_0+\alpha_1x_1)=\rho, \\ e(x_3)=f(x_3)-(\alpha_0+\alpha_1x_3)=\rho, \\ e(x_2)=f(x_2)-(\alpha_0+\alpha_1x_2)=-\rho, \\ e'(x_2)=f'(x_2)-\alpha_1=0. \end{cases}$$

故

$$\alpha_1=f'(x_2)=\frac{f(b)-f(a)}{b-a},$$

$$\alpha_0=\frac{f(a)+f(x_2)}{2}-\frac{f(b)-f(a)}{b-a}\cdot\frac{a+x_2}{2}.$$

记 $x_2=c$, 即证得 (1).

(2) 若 $f(x)=\cos x$, $[a,\ b]=[0,\pi/2]$, 此时由 $f'(c)=\dfrac{f(b)-f(a)}{b-a}$ 得

$$\sin c=\frac{2}{\pi},\quad c=\arcsin\left(\frac{2}{\pi}\right),$$

$$\alpha_1=\frac{2}{\pi},$$

$$\begin{aligned}\alpha_0&=\frac{1+(\pi^2-4)^{1/2}}{2}-\frac{2}{\pi}\cdot\frac{\arcsin(2/\pi)}{2}\\&=\frac{1}{2}\left(1+\sqrt{\pi^2-4}\right)-\frac{\arcsin(2/\pi)}{\pi}.\end{aligned}$$

□

3.6　选取常数 α, 使 $\max\limits_{0\leqslant x\leqslant 1}|x^2-\alpha x|$ 达到极小, 又问该解是否唯一.

解　选取 α, 使得

$$I(\alpha)=\max_{0\leqslant x\leqslant 1}|x^2-\alpha x|$$

达到极小, 即要求 $\varphi^*(x)=\alpha^*x$ 在 $[0,\ 1]$ 上一致逼近于 x^2.

应选 α^* , 使得 $\varphi(x)=x^2-\alpha^*x$ 在 $[0,\ 1]$ 上有两个轮流为正负偏差点, 其中之一为 1, 另一个假设为 ζ, 于是 $\varphi(1)=-\varphi(\zeta)$, $\varphi'(\zeta)=0$ (ζ 为 $\varphi(x)$ 的极值点), 得

$$1-\alpha=-\zeta^2+\alpha\zeta,\quad 2\zeta-\alpha=0,$$

解得

$$\alpha = 2\zeta,\ \zeta^2 + 2\zeta - 1 = 0,\ \zeta_{1,\,2} = -1 \pm \sqrt{2}.$$

取 $\zeta = \sqrt{2} - 1$, $\alpha = 2\sqrt{2} - 2$. 容易验证, 当 $\zeta = -1 - \sqrt{2}$ 时求得的 α 应舍去. 故 α 是唯一的. □

3.7　证明: $f(x)$ 的 n 次最佳一致逼近多项式也是它的插值多项式.

证明　由最佳一致逼近的特征定理, $P_n^*(x)$ 为 $f(x)$ 的最佳一致逼近多项式, 则存在 $n+2$ 个点

$$a \leqslant x_0 < x_1 < \cdots < x_{n+1} \leqslant b$$

使得

$$e(x_k) = f(x_k) - P_n^*(x_k) = (-1)^k \sigma \, \| f - P_n^* \| .$$

又由于 $f(x) \in C[a,\, b]$, 于 $(x_i,\, x_{i+1})$ 中有一个点 η_i , $x_i < \eta_i < x_{i+1}$, 使得

$$e(\eta_i) = f(\eta_i) - P_n^*(\eta_i) = 0, \quad i = 0,\, 1,\, \cdots,\, n,$$

即 $P_n^*(x)$ 为 $f(x)$ 满足插值条件

$$P_n^*(\eta_i) = f(\eta_i), \quad i = 0, 1, \cdots, n$$

的插值多项式. □

3.8　设 $f(x) \in C[a,\, b]$, 求 $f(x)$ 的零次最佳一致逼近多项式.

解　求 C^*, 使得

$$I(C^*) = \min_{C \in \mathbb{R}} \max_{a \leqslant x \leqslant b} |f(x) - C| .$$

记 $e(x) = f(x) - C$, 依最佳一致逼近的特征定理, 应取

$$C^* = \frac{1}{2}\left(\max_{x\in[a,\,b]} f(x) + \min_{x\in[a,\,b]} f(x) \right),$$
$$e(x) = f(x) - C^*.$$

$f(x)$ 于 $[a,\, b]$ 才有两个轮流正负的偏差点 (即 $f(x)$ 于 $[a,\, b]$ 上的最大值点和最小值点)x_1, x_2

$$f(x_1) = \max_{x\in[a,\,b]} f(x), \quad f(x_2) = \min_{x\in[a,\,b]} f(x).$$

此时 $e(x_i) = (-1)^i \sigma \max\limits_{x\in[a,\, b]} |f(x) - C^*|$, 即 C^* 为 $f(x)$ 的零次最佳逼近多项式. □

3.9　求多项式 $f(x) = 6x^3 + 3x^2 + x + 4$ 在 $[-1, 1]$ 上的二次最佳一致逼近多项式.

解

$$\begin{aligned} f(x) &= 6x^3 + 3x^2 + x + 4 \\ &= 6\frac{3T_1 + T_3}{4} + \frac{3(T_0 + T_2)}{2} + T_1 + 4T_0 \\ &= \frac{3}{2}T_3 + \frac{3}{2}T_2 + \frac{11}{2}T_1 + \frac{11}{2}T_0. \end{aligned}$$

因为 $\dfrac{1}{4}T_3(x)$ 与零偏差最小, 故

$$P_2(x) = \frac{3}{2}\,T_2 + \frac{11}{2}\,T_1 + \frac{11}{2}T_0 = 3x^2 + \frac{11}{2}x + 4$$

为 $f(x)$ 的最佳一致逼近多项式. □

3.10　设 $f(x) \in C[-a, a]$, $p_n(x) \in P_n$ 是 $f(x)$ 的 n 次最佳一致逼近多项式, 证明: 当 $f(x)$ 是偶 (奇) 函数时, $P_n(x)$ 亦是偶 (奇) 函数.

证明　下面仅证明 $f(x)$ 是偶函数时, $P_n(x)$ 亦是偶函数. 由于 $P_n(x)$ 为 $f(x)$ 的最佳一致逼近多项式, 有

$$\max_{x\in[-a,\, a]} |\, f(x) - P_n(x)\,| = E_n(f)$$

和

$$\max_{x\in[-a,\, a]} |\, f(-x) - P_n(-x)\,| = E_n(f),$$

即

$$\max_{x\in[-a,\, a]} |\, f(x) - P_n(-x)\,| = E_n(f).$$

$P_n(-x)$ 亦是 $f(x)$ 的最佳一致逼近多项式, 由最佳一致逼近多项式的唯一性, 有

$$P_n(-x) = P_n(x),$$

即 $P_n(x)$ 为偶函数. □

3.11　(略)

3.12　求 $f(x) = \cos \pi x$, $x \in [0,\, 1]$ 的一次和二次最佳平方逼近多项式.

解 设 $P_1^*(x)=a_0+a_1x$, $P_2^*(x)=b_0+b_1x+b_2x^2$ 分别为 $f(x)$ 的一次、二次最佳平方逼近多项式, 内积为

$$(f,\ g)=\int_0^1 f(x)\cdot g(x)\mathrm{d}x.$$

计算如下内积:

$$(1,\ 1)=1,\quad (1,\ x)=\frac{1}{2},\quad \left(1,\ x^2\right)=\frac{1}{3};$$

$$(x,\ x)=\frac{1}{3},\quad (x,\ x^2)=\frac{1}{4},\quad (x^2,\ x^2)=\frac{1}{5};$$

$$(1,\ f)=0,\quad (x,\ f)=-\frac{2}{\pi^2},\quad (x^2,\ f)=-\frac{2}{\pi^2}.$$

建立法方程组

$$(1)\begin{cases} a_0+\dfrac{1}{2}a_1=0, \\ \dfrac{1}{2}a_0+\dfrac{1}{3}a_1=-\dfrac{2}{\pi^2}, \end{cases}$$

解得

$$a_0=\frac{12}{\pi^2},\quad a_1=-\frac{24}{\pi^2},$$

于是

$$P_1^*(x)=\frac{12}{\pi^2}-\frac{24}{\pi^2}x.$$

$$(2)\begin{cases} b_0+\dfrac{1}{2}b_1+\dfrac{1}{3}b_2=0. \\ \dfrac{1}{2}b_0+\dfrac{1}{3}b_1+\dfrac{1}{4}b_2=-\dfrac{2}{\pi^2}, \\ \dfrac{1}{3}b_0+\dfrac{1}{4}b_1+\dfrac{1}{5}b_2=-\dfrac{2}{\pi^2}, \end{cases}$$

解得

$$b_0=\frac{12}{\pi^2},\quad b_1=-\frac{24}{\pi^2},\quad b_2=0,$$

于是

$$P_2(x)=\frac{12}{\pi^2}-\frac{24}{\pi^2}x.$$

□

3.13 证明法方程组 (3.26) 的系数矩阵 G 是正定矩阵.

证明

$$G=\begin{bmatrix} (\phi_1,\ \phi_1) & \cdots & (\phi_1,\ \phi_n) \\ \vdots & & \vdots \\ (\phi_n,\ \phi_1) & \cdots & (\phi_n,\ \phi_n) \end{bmatrix},$$

其中 $\phi_1, \phi_2, \cdots, \phi_n$ 线性无关.

记

$$g_n(x)=\begin{vmatrix}(\phi_1,\phi_1) & \cdots & (\phi_1,\phi_{n-1}) & \phi_1(x)\\ \vdots & & \vdots & \vdots\\ (\phi_n,\phi_1) & \cdots & (\phi_n,\phi_{n-1}) & \phi_n(x)\end{vmatrix}.$$

将 $g_n(x)$ 与 $\phi_k(x)$ 作内积, 则得

$$(g_n, \phi_k)=\begin{cases}G(\phi_1, \phi_2, \cdots, \phi_n), & k=n,\\ 0, & k<n,\end{cases}$$

其中 $G(\phi_1,\cdots,\phi_i)$ 表示 G 的 i 阶顺序主子式, $G(\phi_1, \cdots, \phi_n)=\det(G)$.

$$\begin{aligned}g_n(x)=&\beta_1\phi_1(x)+\beta_2\phi_2(x)+\cdots+\beta_{n-1}\phi_{n-1}(x)\\ &+\phi_n(x)\cdot G(\phi_1, \cdots, \phi_{n-1}),\end{aligned}$$

$$\begin{aligned}(g_n, g_n)=&(\beta_1\phi_1+\cdots+\beta_{n-1}\phi_{n-1}, g_n)\\ &+G(\phi_1, \cdots, \phi_{n-1})\cdot G(\phi_1, \cdots, \phi_n)>0,\end{aligned}$$

于是

$$C(\phi_1, \cdots, \phi_{n-1})\cdot G(\phi_1, \cdots, \phi_n)>0.$$

由此类推, 可得行列式

$$G(\phi_1), G(\phi_1, \phi_2), \cdots, G(\phi_1, \cdots, \phi_n)$$

有相同的符号, 而

$$G(\phi_1)=(\phi_1, \phi_1)=\int_a^b \rho(x)(\phi_1(x))^2\,\mathrm{d}x>0,$$

故

$$G(\phi_1), G(\phi_1, \phi_1), \cdots, G(\phi_1, \cdots, \phi_n) \text{ 均大于 } 0.$$

矩阵 G 的顺序主子式行列式均大于 0, 说明 G 是正定矩阵. □

3.14　设 $g_l(x)$ 是 $[a,b]$ 上带权 $\rho(x)$ 的 l 次正交多项式, $p_k(x)$ 为任意 k 次代数多项式, 证明: $(p_k, g_l)=0, k<l$.

证明　记

$$p_k(x)=\alpha_0 g_0(x)+\alpha_1 g_1(x)+\cdots+\alpha_k g_k(x),$$

由于

$$g_0(x),\ g_1(x),\ \cdots,\ g_l(x)$$

两两正交, 故

$$\begin{aligned}(p_k,\ g_l) &= (\alpha_0 g_0 + \cdots + \alpha_k g_k,\ g_l)\\ &= \alpha_0(g_0,\ g_l) + \cdots + \alpha_k(g_k,\ g_l) = 0.\end{aligned}$$

□

3.15 设 $\rho(x)=1$, 试证 Legendre 多项式 $\{l_i(x)\}_0^n$,

$$l_k(x) = \frac{1}{2^k k!}\cdot\sqrt{\frac{2k+1}{2}}\cdot\frac{\mathrm{d}^k}{\mathrm{d}x^k}[(x^2-1)^k],\quad k=0,1,\cdots,n$$

为 $[-1,1]$ 上 P_n 的正规正交基.

证明 记 $\varphi_k(x)=(x^2-1)^k, A_k=\dfrac{1}{2^k k!}\sqrt{\dfrac{2k+1}{2}}$.

首先验证 $I=\displaystyle\int_{-1}^{1} l_k^2(x)\mathrm{d}x = 1$.

$$\begin{aligned}I &= A_k^2\int_{-1}^{1}\varphi_k^{(k)}\varphi_k^{(k)}\mathrm{d}x = A_k^2(-1)\int_{-1}^{1}\varphi_k^{(k+1)}\varphi_k^{(k+1)}\mathrm{d}x = \cdots\\ &= A_k^2(-1)^k\int_{-1}^{1}\varphi_k^{(2k)}\varphi_k\mathrm{d}x\quad(\varphi_k^{(2k)}=(2k)!)\\ &= A_k^2(2k)!\int_{-1}^{1}(-1)^k\varphi_k\mathrm{d}x = A_k^2(2k)!\int_{-1}^{1}(1-x^2)^k\mathrm{d}x\\ &= 2(2k)!A_k^2\int_{-1}^{1}(1-x^2)^k\mathrm{d}x\\ &= 2\cdot(2k)!A_k^2\int_0^{\frac{\pi}{2}}\cos^{2k+1}\theta\,\mathrm{d}\theta\quad(\text{令}x=\sin\theta)\\ &= 2\cdot(2k)!\frac{(2k)!!}{(2k+1)!!}A_k^2 = \frac{2}{2k+1}2^{2k}(k!)^2\cdot A_k^2 = 1.\end{aligned}$$

由分部积分容易验证

$$\int_{-1}^{1} l_k(x)l_i(x)dx = 0,\quad k,i=0,1,\cdots,n,k\neq i.$$

所以 $\{l_i(x)\}_0^n$ 为 $[-1,1]$ 上 P_n 的正规正交基. □

3.16 (略)

3.17　试利用 Gram-Schmidt 正交化方法, 求 $[0,1]$ 上带权 $\sqrt{x}$ 的三次正交多项式系, 并利用它求 $f(x)=\cos x$ 带权 $\sqrt{x}$ 的最佳三次平方逼近多项式.

解　记 $\phi_1=1,\ \phi_2=x,\phi_3=x^2,\phi_4=x^3$, 显然 $\{\phi_i\}_{i=1}^4$ 是 p_3 的一组基, 下面用 Gram-Schmidt 方法将其化为 $[0,1]$ 上带权 $\sqrt{x}$ 的三次正交多项式系.

令 $e_1=\phi_1=1,\ e_2=\phi_2+\lambda_{21}e_1$, 利用 $(e_2,e_1)=0$, 得

$$\lambda_{21}=-\frac{(\phi_2,e_1)}{(e_1,e_1)}=-\frac{\displaystyle\int_0^1\sqrt{x}x\mathrm{d}x}{\displaystyle\int_0^1\sqrt{x}\mathrm{d}x}=-\frac{2/5}{2/3}=-\frac{3}{5},\quad e_2=x-\frac{3}{5}.$$

令 $e_3=\phi_3+\lambda_{32}e_2+\lambda_{31}e_1$, 利用 $(e_3,e_2)=(e_3,e_1)=0$, 得

$$\begin{cases}\lambda_{32}=-\dfrac{(\phi_3,e_2)}{(e_2,e_2)}=-\dfrac{\displaystyle\int_0^1\sqrt{x}\cdot x^2\left(x-\frac{3}{5}\right)\mathrm{d}x}{\displaystyle\int_0^1\sqrt{x}\left(x-\frac{3}{5}\right)^2\mathrm{d}x}=-\dfrac{16/315}{8/175}=-\dfrac{10}{9},\\[2ex] \lambda_{31}=-\dfrac{(\phi_3,e_1)}{(e_1,e_1)}=-\dfrac{2/7}{2/3}=-\dfrac{3}{7},\end{cases}$$

从而

$$e_3=x^2-\frac{10}{9}x+\frac{5}{21}.$$

令 $e_4=\phi_4+\lambda_{43}e_3+\lambda_{42}e_2+\lambda_{41}e_1$, 利用 $(e_4,e_i)=0(i=3,2,1)$, 得

$$\begin{cases}\lambda_{43}=-\dfrac{(\phi_4,e_3)}{(e_3,e_3)},\\ \lambda_{42}=-\dfrac{(\phi_4,e_2)}{(e_2,e_2)},\\ \lambda_{41}=-\dfrac{(\phi_4,e_1)}{(e_1,e_1)}\end{cases}\quad\Rightarrow\quad e_4=x^3+\lambda_{43}e_3+\lambda_{42}e_2+\lambda_{41}e_1,$$

$\{e_i\}_{i=1}^4$ 为 $[0,1]$ 上带权 $\sqrt{x}$ 的三次正交多项式系.

下面求 $f(x)=\cos x$ 带权 $\sqrt{x}$ 的三次最佳平方逼近多项式, 设该多项式为

$$p_3(x)=a_3x^3+a_2x^2+a_1x+a_0,$$

$\{a_i\}_{i=0}^3$ 满足法方程组

$$\sum_{j=0}^3(e_{i+1},e_{j+1})a_j=(f,e_{i+1}),\quad i=0,1,2,3,$$

从而

$$a_0 = \frac{(f, e_1)}{(e_1, e_1)}, \quad a_1 = \frac{(f, e_2)}{(e_2, e_2)},$$

$$a_2 = \frac{(f, e_3)}{(e_3, e_3)}, \quad a_3 = \frac{(f, e_4)}{(e_4, e_4)}. \qquad \square$$

3.18　证明定理 3.10.

证明　假设 $g_e^*(x)$ 在 (a,b) 内的根均是偶重根, 则 $g_e^*(x)$ 在 (a,b) 上保号, 从而 $g_e^*(x)$ 与 $g_o^*(x)$ 的正交性条件

$$\int_a^b p(x)g_e^*(x) \cdot g_o^*(x)\mathrm{d}x = 0$$

不可能成立, 因此 $g_e^*(x)$ 在 (a,b) 内部必有奇重根.

设奇重根的个数为 $k(k<l)$, $x_1, x_2, \cdots, x_k$ 为这些相异的奇重根, 则

$$f(x) = (x - x_1)(x - x_2)\cdots(x - x_k) \tag{1}$$

为次数低于 l 的多项式, 由正交性可知

$$(f, g_e^*) = \int_a^b p(x)f(x)g_e^*(x)\mathrm{d}x = 0. \tag{2}$$

注意, $f(x)g_e^*(x)$ 是只含偶重根的多项式, 故式 (2) 不可能成立.

于是 $k<l$ 的假定是不对的, 故有 $k=l$, 即 $g_e^*(x)$ 有 l 个互异实根, 且均位于区间 (a,b) 内. □

3.19　证明: Chebyshev 多项式满足关系式:

$$T_{n+m}(x) + T_{n-m}(x) = 2T_n(x)T_m(x), \quad n \geqslant m.$$

证明　$T_n(x) = \cos(n \cdot \arccos x)$. 令 $\theta = \arccos x$, 则

$$T_n(x) = \cos(n\theta),$$

$$\begin{aligned} T_{n+m}(x) + T_{n-m}(x) &= \cos(n+m)\theta + \cos(n-m)\theta \\ &= 2\ \cos n\theta \cdot \cos m\theta = 2T_n(x) \cdot T_m(x). \end{aligned} \qquad \square$$

3.20　求函数 $f(x) = \cos\dfrac{\pi}{2}x$ 在 $[-1,1]$ 上关于权函数 $(1-x^2)^{-1/2}$ 的三次最佳平方逼近多项式.

解　函数 $f(x)=\cos\frac{\pi}{2}x$ 在 $[-1,\ 1]$ 上关于权函数 $(1-x^2)^{-1/2}$ 的三次最佳平方逼近多项式为

$$S_3(x)=\frac{a_0}{2}T_0(x)+a_1T_1(x)+a_2T_2(x)+a_3T_3(x),$$

其中

$$\begin{aligned}a_j&=\frac{2}{\pi}\int_{-1}^{1}\frac{\cos\frac{\pi}{2}x\cdot T_j(x)}{\sqrt{1-x^2}}\mathrm{d}x\\&=\frac{2}{\pi}\int_0^{\pi}\cos\left(\frac{\pi}{2}\cos\theta\right)\cdot\cos(j\theta)\mathrm{d}\theta,\end{aligned}$$

a_0,a_1,a_2,a_3 可以由数值积分公式近似求得. □

3.21　设 $f(x)\in C[a,b], M_n=\max\limits_{a\leqslant x\leqslant b}|f^{(n)}(x)|$, 若取

$$x_k=\frac{a+b}{2}+\frac{b-a}{2}\cos\frac{2k-1}{2n}\pi,\quad k=1(1)n$$

作节点, 证明 Lagrange 插值余项有估计式:

$$\max_{a\leqslant x\leqslant b}|R(x)|\leqslant\frac{M_n}{n!}\frac{(b-a)^n}{2^{2n-1}}.$$

解　令 $x=\frac{a+b}{2}+\frac{b-a}{2}t$, 则 $x_k=\frac{a+b}{2}+\frac{b-a}{2}t_k$, 其中 $t_k=\cos\frac{2k-1}{2n}\pi$ $(k=1,\ \cdots,\ n)$ 为 Chebyshev 多项式 $T_n(t)$ 的零点, 又 Chebyshev 多项式 $\frac{1}{2^{n-1}}T_n(t)$ 是在 $[-1,\ 1]$ 上与零偏差最小的多项式, 即

$$\max_{-1\leqslant t\leqslant 1}|(t-t_1)(t-t_2)\cdots(t-t_n)|=\min.$$

函数 $f(x)$ 的 Lagrange 插值多项式余项:

$$f(x)-L_{n-1}(x)=\frac{f^{(n)}(x)}{n!}(x-x_1)\cdots(x-x_n),$$

有

$$\begin{aligned}|f(x)-L_{n-1}(x)|&\leqslant\frac{M_n}{n!}|(x-x_1)\cdots(x-x_n)|\\&=\frac{M_n}{n!}\left(\frac{b-a}{2}\right)^n|(t-t_1)\cdots(t-t_n)|,\end{aligned}$$

$$\max_{a\leqslant x\leqslant b}|f(x)-L_{n-1}(x)|\leqslant \frac{M_n}{n!}\left(\frac{b-a}{2}\right)^n \max_{-1\leqslant t\leqslant 1}|(t-t_1)\cdots(t-t_n)|$$
$$=\frac{M_n}{n!}\frac{(b-a)^n}{2^{2n-1}}.$$

注意: $\max\limits_{-1\leqslant t\leqslant 1}|(t-t_1)\cdots(t-t_n)|=\max\limits_{-1\leqslant t\leqslant 1}\left|\frac{1}{2^{n-1}}T_n(x)\right|=\frac{1}{2^{n-1}}$. □

3.22 用最小二乘法, 求拟合下列数据的一次和二次多项式. 哪个多项式逼近的更好.

x_i	0	0.15	0.31	0.5	0.6	0.75
y_i	1.0	1.004	1.031	1.117	1.223	1.422

解 (1) 一次多项式. 记 $\phi_1(x)=1,\phi_2(x)=x,\phi_3(x)=x^2$. 设拟合表中数据的一次多项式为 $p_1(x)=a_1^*+a_2^*x$.

$$Y=(1.0,1.004,1.031,1.117,1.223,1.422)^{\mathrm{T}},$$
$$\varPhi_1=(1,1,1,1,1,1)^{\mathrm{T}},$$
$$\varPhi_2=(0,0.15,0.31,0.5,0.6,0.75)^{\mathrm{T}},$$

相应的法方程组为

$$\sum_{j=1}^{2}(\varPhi_i,\varPhi_j)a_j^*=(\varPhi_i,Y),\quad i=1,2,$$

即

$$\begin{cases}(\varPhi_1,\varPhi_1)a_1^*+(\varPhi_1,\varPhi_2)a_2^*=(\varPhi_1,Y),\\(\varPhi_2,\varPhi_1)a_1^*+(\varPhi_2,\varPhi_2)a_2^*=(\varPhi_2,Y),\end{cases}$$

即

$$\begin{cases}6a_1^*+2.31a_2^*=6.797,\\2.31a_1^*+1.2911a_2^*=2.87901\end{cases}$$
$$\Rightarrow\begin{cases}a_1^*=0.8816,\\a_2^*=0.6526\end{cases}$$
$$\Rightarrow p_1(x)=0.8816+0.6526x.$$

(2) 二次多项式. 记

$$\varPhi_3=(\phi_3(0),\phi_3(0.15),\phi_3(0.31),\phi_3(0.5),\phi_3(0.6),\phi_3(0.75))^{\mathrm{T}}$$
$$=(0,0.0225,0.0961,0.25,0.36,0.5625)^{\mathrm{T}}.$$

设拟合表中数据的二次多项式为

$$p_2(x)=b_1^*+b_2^*x+b_3^*x^2,$$

则相应的法方程组为

$$\sum_{j=1}^{3}(\varPhi_i,\varPhi_j)b_j^*=(\varPhi_i,Y),\quad i=1,2,3,$$

即

$$\begin{cases}(\varPhi_1,\varPhi_1)b_1^*+(\varPhi_1,\varPhi_2)b_2^*+(\varPhi_1,\varPhi_3)b_3^*=(\varPhi_1,Y),\\(\varPhi_2,\varPhi_1)b_1^*+(\varPhi_2,\varPhi_2)b_2^*+(\varPhi_2,\varPhi_3)b_3^*=(\varPhi_2,Y),\\(\varPhi_3,\varPhi_1)b_1^*+(\varPhi_3,\varPhi_2)b_2^*+(\varPhi_3,\varPhi_3)b_3^*=(\varPhi_3,Y),\end{cases}$$

亦即

$$\begin{cases}6b_1^*+2.31b_2^*+1.2911b_3^*=6.797,\\2.31b_1^*+1.2911b_2^*+0.796041b_3^*=2.87901,\\1.2911b_1^*+0.796041b_2^*+0.51824771b_3^*=1.6410741\end{cases}$$

$$\Rightarrow\begin{cases}b_1^*=0.8155,\\b_2^*=1.3418,\\b_3^*=-0.9262\end{cases}$$

$$\Rightarrow p_2(x)=0.8155+1.3418x-0.9262x^2.$$

□

3.23　证明：(1) l 阶线性代数方程组 (3.41) 的系数矩阵 A 是对称正定阵；(2) 当 $l=n$ 时，向量 Y 的离散情况的最佳平方逼近向量 X^* 就是 Y 本身，即 (3.42) 成立.

证明　(1) l 阶矩阵

$$A=\begin{bmatrix}(x_1,\ x_1)&(x_1,\ x_2)&\cdots&(x_1,\ x_l)\\(x_2,\ x_1)&(x_2,\ x_2)&\cdots&(x_2,\ x_l)\\\vdots&\vdots&&\vdots\\(x_l,\ x_1)&(x_l,\ x_2)&\cdots&(x_l,\ x_l)\end{bmatrix},$$

$$x_i=(x_{1i},\ x_{2i},\ \cdots,\ x_{ni})^{\mathrm{T}}\in\mathbb{R}^n.$$

记 $B=\begin{bmatrix}x_{11}&x_{12}&\cdots&x_{1l}\\x_{21}&x_{22}&\cdots&x_{2l}\\\vdots&\vdots&&\vdots\\x_{n1}&x_{n2}&\cdots&x_{nl}\end{bmatrix}$，于是 $A=B^{\mathrm{T}}B$ 且 $A=A^{\mathrm{T}}$(对称).

由于 $x_1, x_2, \cdots, x_l$ 线性无关, 即对于 $\forall y \in \mathbb{R}^l, y \neq 0$, 有

$$(Ay,\ y) = (B^{\mathrm{T}}BY,\ y) = (BY,\ BY) > 0,$$

即 A 为正定矩阵.

(2) 当 $l = n$ 时, 这时 Y 的最佳平方逼近向量 $X^* = c_1^*x_1 + \cdots + c_n^*x_n \in \mathbb{R}^n$, $c_1^*, c_2^*, \cdots, c_n^*$ 适合法方程组 $B^{\mathrm{T}}BC^* = B^{\mathrm{T}}Y$, 其中

$$B = \begin{bmatrix} x_{11} & \cdots & x_{1n} \\ \vdots & & \vdots \\ x_{n1} & \cdots & x_{nn} \end{bmatrix} = (x_1,\ x_2,\ \cdots,\ x_n).$$

由于 $x_1, \cdots, x_n$ 线性无关, 有 $\det(B^{\mathrm{T}}) \neq 0$, 故 $BC^* = Y$, 即 $Y = c_1^*x_1 + \cdots + c_n^*x_n = X^*$. □

3.24　对给定数据表, 确定数据拟合曲线 $y = a\mathrm{e}^{bx}$, 并利用它修正表中的数据.

x_i	1.0	1.25	1.50	1.75	2.00
y_i	5.10	5.79	6.53	7.45	8.48

解　对公式 $y = a\mathrm{e}^{bx}$ 两边取对数, 得

$$\ln y = \ln a + bx. \tag{1}$$

记 $\ln y = \tilde{y}, \ln a = A$, 则 (1) 等价于

$$\tilde{y} = A + bx.$$

为求出 A, b, 现将数据 (x_i, y_i) 转化成 $(x_i, \ln y_i)$, 即

x_i	1.0	1.25	1.50	1.75	2.00
$\tilde{y}_i$	1.629	1.756	1.876	2.008	2.138

设 $\phi_0(x) = 1,\ \phi_1(x) = x$, 并记

$$\begin{aligned} &\Phi_i = (\phi_i(x_0),\ \phi_i(x_1),\ \phi_i(x_2),\ \phi_i(x_3),\ \phi_i(x_4))^{\mathrm{T}}, \quad i = 0, 1, \\ &Y = (1.629,\ 1.756,\ 1.876,\ 2.008,\ 2.138)^{\mathrm{T}}, \end{aligned}$$

则有

$$\Phi_1 = (1.0, 1.25, 1.50, 1.75, 2.00)^{\mathrm{T}}, \quad \Phi_0 = (1, 1, 1, 1, 1)^{\mathrm{T}}.$$

根据最小二乘法, 需求解以下法方程组:

$$\begin{cases} 5A + 7.5b = 9.407, \\ 7.5A + 11.875b = 14.428, \end{cases}$$

解得

$$\begin{cases} A = 1.1194, \\ b = 0.5080 \end{cases} \Rightarrow \begin{cases} a = \mathrm{e}^A = 3.0630, \\ b = 0.5080. \end{cases}$$

故拟合曲线为

$$y = 3.0630\mathrm{e}^{0.508x}.$$

利用上式, 可对原数据表作以下修正:

x_i	1.0	1.25	1.50	1.75	2.00
y_i	5.09	5.78	6.56	7.45	8.46

3.25　求 α 值, 使 $\int_0^1 |\mathrm{e}^x - \alpha|\,\mathrm{d}x$ 达到极小, 并求极小值.

解　求 α 值, 使得

$$I(\alpha) = \int_0^1 |\mathrm{e}^x - \alpha|\,\mathrm{d}x$$

达到极小值, 即求 α^* 使得 $I(\alpha^*) = \min\limits_{\alpha\in\mathbb{R}} I(\alpha)$.

讨论: (1) 若 $\alpha \leqslant 1$, 则

$$I(\alpha) = \int_0^1 (\mathrm{e}^x - \alpha)\mathrm{d}x = \mathrm{e} - 1 - \alpha,$$

$$I'(\alpha) = -1, I(\alpha) \text{ 单调递减,}\quad \text{极小值为}\quad I(1) = \mathrm{e} - 2.$$

(2) 若 $\alpha \geqslant \mathrm{e}$, 则

$$I(\alpha) = -\int_0^1 (\mathrm{e}^x - \alpha)\mathrm{d}x = 1 - \mathrm{e} + \alpha,$$

$$I'(\alpha) = 1, I(\alpha) \text{ 单调递增, 极小值为}\quad I(\mathrm{e}) = 1.$$

(3) 若 $1 < \alpha < \mathrm{e}$, 则

$$\begin{aligned} I(\alpha) &= \int_0^{\ln\alpha} (\alpha - \mathrm{e}^x)\mathrm{d}x + \int_{\ln\alpha}^1 (\mathrm{e}^x - \alpha)\mathrm{d}x \\ &= 2\alpha\ln\alpha - 3\alpha + \mathrm{e} + 1, \end{aligned}$$

$I'(\alpha) = 2\ln\alpha - 1$, 令 $I'(\alpha) = 0$ 得极小值点为 $\alpha^* = \mathrm{e}^{1/2}$, 这时 $I(\alpha^*) = \mathrm{e} + 1 - 2\mathrm{e}^{1/2}$.
比较 (1)、(2)、(3) 无疑 $\alpha^* = \mathrm{e}^{1/2}$ 处达到极小. □

3.26　利用离散情况的最佳平方逼近, 求解如下超定方程组:

$$\begin{cases} 2x_1 + x_2 = 3, \\ x_1 + 4x_2 + x_3 = 5, \\ x_1 + 3x_3 = 4, \\ x_2 + 6x_3 = 8. \end{cases}$$

解　超定方程组 $Ax = b$, 其中

$$A = \begin{bmatrix} 2 & 1 & 0 \\ 1 & 4 & 1 \\ 1 & 0 & 3 \\ 0 & 1 & 6 \end{bmatrix}, \quad x = \begin{bmatrix} x_1 \\ x_2 \\ x_3 \end{bmatrix}, \quad b = \begin{bmatrix} 3 \\ 5 \\ 4 \\ 8 \end{bmatrix}.$$

最小二乘法法方程为 $A^{\mathrm{T}}Ax = A^{\mathrm{T}}b$, 即

$$\begin{cases} 6x_1 + 6x_2 + 4x_3 = 15, \\ 6x_1 + 18x_2 + 10x_3 = 31, \\ 4x_1 + 10x_2 + 46x_3 = 65, \end{cases}$$

得

$$x_1 = \frac{705}{726}, \quad x_2 = \frac{546}{726}, \quad x_3 = \frac{141}{121}.$$

□

第 4 章　数值积分与数值微分

4.1　直接验证梯形公式 (4.2) 与中矩形公式 (4.3) 具有 1 次代数精度, 而 Simpson 公式 (4.4) 则具有 3 次代数精度.

解　梯形公式:

$$\int_a^b f(x)\mathrm{d}x \approx \frac{b-a}{2}[f(a)+f(b)].$$

中矩形公式:

$$\int_a^b f(x)\mathrm{d}x \approx (b-a)f\left(\frac{a+b}{2}\right).$$

以 $f(x)=1,x$ 代入以上两求积公式两边, 结果相等, 而以 $f(x)=x^2$ 代入公式两边, 其结果不相等. 故梯形公式的代数精度等于 1.

Simpson 公式:

$$\int_a^b f(x)\mathrm{d}x \approx \frac{b-a}{6}\left[f(a)+4f\left(\frac{a+b}{2}\right)+f(b)\right].$$

容易验证: 以 $f(x)=1$, x, x^2, x^3 分别代入 Simpson 公式两边, 结果相等, 而以 x^4 代入 Simpson 公式两边, 其结果不相等, 故 Simpson 求积公式的代数精度为 3. □

4.2　设 $f(x)$ 在 $[0,1]$ 上连续, $f'(x)$ 在 $[0,1]$ 上可积, 证明: 用复化梯形公式计算 $\int_0^1 f(x)\mathrm{d}x$ 的误差形式为

$$\int_0^1 f(x)\mathrm{d}x - T_n(f) = \int_0^1 k(t)f'(t)\mathrm{d}t,$$

$$k(t)=\frac{t_{i-1}+t_i}{2}-t,\quad t_{i-1}\leqslant t\leqslant t_i, i=1,2,\cdots,n,$$

其中 $T_n(f)$ 是复化梯形和, $t_i(i=0,1,\cdots,n)$ 为积分区间 $[0,1]$ 的分划节点.

证明　当 $x\in[t_{i-1},t_i]$ 时,

$$f(x)=f(t_{i-1})+\int_{t_{i-1}}^{t_i}(x-t)_+^0 f'(t)\mathrm{d}t,$$

$$E_1(f)=\int_{t_{i-1}}^{t_i}f(x)\mathrm{d}x-\frac{h}{2}[f(t_i)+f(t_{i-1})].$$

又

$$\begin{aligned}E_1(f)&=E_1\left(\int_{t_{i-1}}^{t_i}(x-t)_+^0f'(t)\mathrm{d}t\right)\\&=\int_{t_{i-1}}^{t_i}\int_{t_{i-1}}^{t_i}(x-t)_+^0f'(t)\mathrm{d}t\mathrm{d}x-\frac{h}{2}\int_{t_{i-1}}^{t_i}f'(t)\mathrm{d}t\\&=\int_{t_{i-1}}^{t_i}\left[\int_{t_{i-1}}^{t_i}(x-t)_+^0\mathrm{d}x\right]f'(t)\mathrm{d}t-\frac{h}{2}\int_{t_{i-1}}^{t_i}f'(t)\mathrm{d}t\\&=\int_{t_{i-1}}^{t_i}\left[t_i-t-\frac{h}{2}\right]f'(t)\mathrm{d}t=\int_{t_{i-1}}^{t_i}k(t)f'(t)\mathrm{d}t,\end{aligned}$$

$$k(t)=t_i-t-\frac{t_i-t_{i-1}}{2}=\frac{t_i+t_{i-1}}{2}-t,$$

于是

$$\begin{aligned}\int_0^1f(x)\mathrm{d}x-T_n&=\sum_{i=1}^n\left(\int_{t_{i-1}}^{t_i}f(x)\mathrm{d}x-\frac{h}{2}(f_{i-1}+f_i)\right)\\&=\sum_{i=1}^n\int_{t_{i-1}}^{t_i}k(t)f'(t)\mathrm{d}t=\int_0^1k(t)f'(t)\mathrm{d}t,\end{aligned}$$

$$0=t_0<t_1<\cdots<t_n=1,\quad h=t_{i+1}-t_i.$$ □

4.3 对于 $I=\int_0^{3h}f(x)\mathrm{d}x$ 的数值积分公式 $I_h=\int_0^{3h}P(x)\mathrm{d}x$, 其中 $P(x)$ 为对 $f(x)$ 在 $x=0,h,2h$ 进行插值的 2 次多项式. 证明:

$$I-I_h=\frac{3}{8}h^4\cdot f'''(0)+O(h^5).$$

证明 $P(x)$ 为 $f(x)$ 于 $x=0,h,2h$ 进行插值的二次多项式, 则

$$f(x)=P(x)+R(x),$$

其中

$$R(x)=\frac{f'''(\xi)}{3!}x(x-h)(x-2h).$$

求积分公式误差

$$
\begin{aligned}
E(f) &= \int_0^{3h} f(x)\mathrm{d}x - \int_0^{3h} P(x)\mathrm{d}x \\
&= \int_0^{3h} \frac{f'''(\xi)}{3!} x(x-h)(x-2h)\mathrm{d}x \\
&= \int_0^{3h} \frac{f'''(0)}{3!} x(x-h)(x-2h)\mathrm{d}x \\
&\quad + \int_0^{3h} \frac{f^{(4)}(\eta)}{3!} \xi x(x-h)(x-2h)\mathrm{d}x,
\end{aligned}
$$

其中

$$0 < \xi < 2h, E(f) = \frac{3}{8} f'''(0) \cdot h^4 + O(h^5). \qquad \square$$

4.4　证明：中矩形公式的 Peano 核误差公式为

$$\int_0^h f(x)\mathrm{d}x - hf\left(\frac{h}{2}\right) = \int_0^h k(t) f''(t)\mathrm{d}t,$$

其中

$$k(t) = \begin{cases} t^2/2, & 0 \leqslant t \leqslant h/2, \\ (h-t)^2/2, & h/2 \leqslant t \leqslant h, \end{cases}$$

并由此导出误差形式

$$\int_0^h f(x)\mathrm{d}x = h \cdot f\left(\frac{h}{2}\right) + \frac{h^3}{24} f''(\xi), \quad \xi \in [0, h].$$

证明　已知中矩形公式对于一次多项式精确成立, 由 Taylor 展开, 得

$$
\begin{aligned}
f(x) &= f(0) + f'(0)x + \int_0^h (x-t)_+ f''(t)\mathrm{d}t \\
&= P_1(x) + R(x). \\
E(f) &= \int_0^h f(x)\mathrm{d}x - h \cdot f\left(\frac{h}{2}\right).
\end{aligned}
$$

又

$$
\begin{aligned}
&E(f) = E(P_1 + R) = E(R), \\
&E(R) = E\left[\int_0^h (x-t)_+ f''(t)\mathrm{d}t\right]
\end{aligned}
$$

$$= \int_0^h \int_0^h (x-t)_+ f''(t)\mathrm{d}t\mathrm{d}x - h \cdot \int_0^h \left(\frac{h}{2}-t\right)_+ f''(t)\mathrm{d}t$$

$$= \int_0^h \left[\int_0^h (x-t)_+ \mathrm{d}x - h\left(\frac{h}{2}-t\right)_+\right] f''(t)\mathrm{d}t,$$

$$k(t) = \int_0^h (x-t)_+ \mathrm{d}x - h \cdot \left(\frac{h}{2}-t\right)_+ = \frac{(h-t)^2}{2} - h\left(\frac{h}{2}-t\right)_+$$

$$= \begin{cases} \dfrac{t^2}{2}, & 0 \leqslant t \leqslant \dfrac{h}{2}, \\ \dfrac{(h-t)^2}{2!}, & \dfrac{h}{2} \leqslant t \leqslant h. \end{cases}$$

□

4.5 求系数 A_1, A_2 和 A_3 使求积公式

$$\int_{-1}^1 f(x)\mathrm{d}x \approx A_1 f(-1) + A_2 f\left(-\frac{1}{3}\right) + A_3 f\left(\frac{1}{3}\right)$$

对于次数 $\leqslant 2$ 的一切多项式都是精确成立的.

解 求积公式

$$\int_{-1}^1 f(x)\mathrm{d}x \approx A_1 f(-1) + A_2 f\left(-\frac{1}{3}\right) + A_3 f\left(\frac{1}{3}\right)$$

是一个插值型求积公式, 令 $f(x) = 1, x, x^2$ 得

$$\begin{cases} A_1 + A_2 + A_3 = 2, \\ -A_1 - \dfrac{1}{3}A_2 + \dfrac{1}{3}A_3 = 0, \\ A_1 + \dfrac{1}{9}A_2 + \dfrac{1}{9}A_3 = \dfrac{2}{3}, \end{cases}$$

解得

$$A_1 = \frac{1}{2}, \quad A_2 = 0, \quad A_3 = \frac{3}{2}.$$

□

4.6, 4.7 (略)

4.8 记 $I_n(f)$ 为求积分 $I(f) = \int_{-1}^1 f(x)\mathrm{d}x$ 的 n 点 Gauss-Legendre 公式. 证明: 对任何连续函数 $f(x)$, 当 $n \to \infty$ 时, $I_n(f) \to I(f)$.

提示: 利用函数逼近的 Weierstrass 定理及 Gauss 型求积公式中求积系数的正性.

证明　此题注意 Weierstrass 定理, $\forall\varepsilon>0,\exists\ P_m$, 使得

$$|f(x)-P_m(x)|<\varepsilon,\quad x\in[-1,1],$$

$$I(f)-I_n(f)=\int_{-1}^{1}f(x)\mathrm{d}x-\int_{-1}^{1}P_m(x)\mathrm{d}x+\int_{-1}^{1}P_m(x)\mathrm{d}x$$
$$-\sum_{k=1}^{n}A_kP_m(x_k)+\sum_{k=1}^{n}A_kP_m(x_k)-\sum_{k=1}^{n}A_kf(x_k).$$

因为 Gauss 型求积公式, 对次数 $\leqslant 2n-1$ 次多项式是精确成立的, 因此若取 n, 使得 $2n-1>m$, 则有

$$\int_{-1}^{1}P_m(x)\mathrm{d}x=\sum_{k=1}^{n}A_kP_m(x_k),$$

于是

$$|I(f)-I_n(f)|\leqslant 2\varepsilon+\varepsilon\cdot\sum_{k=1}^{n}A_k=4\varepsilon,$$

故当 $n\to\infty$ 时, 有 $I_n(f)\to I(f)$. □

4.9 (略)

4.10　假设一个积分公式的误差有渐近展开式

$$I-I_n=\frac{c_1}{n\sqrt{n}}+\frac{c_2}{n^2}+\frac{c_3}{n^2\sqrt{n}}+\frac{c_4}{n^3}+\cdots.$$

推广 4.4 节中的 Richardson 外推法. 若已知 3 个值 I_n,I_{2n},I_{4n}, 利用这些值去计算 I 的估计值, 使其具有阶为 $1/(n^2\sqrt{n})$ 的误差.

解　记 $h=\dfrac{1}{n}$, 有

$$I-I_n=c_1h^{3/2}+c_2h^2+O(h^{5/2}),$$

$$I-I_{2n}=c_1\frac{1}{2^{3/2}}\cdot h^{3/2}+c_2\frac{1}{2^2}h^2+O(h^{5/2}),$$

$$I-I_{4n}=c_1\frac{1}{2^3}h^{3/2}+c_2\frac{1}{4^2}h^2+O(h^{5/2}).$$

要求 A,B,C, 使得

$$A(I-I_m)+B(I-I_{2n})+C(I-I_{4n})=O(h^{5/2}).$$

故

$$\begin{cases} A+B+C=1, \\ A+\dfrac{1}{2^{3/2}}B+\dfrac{1}{2^3}C=0, \\ A+\dfrac{1}{2^2}B+\dfrac{1}{4^2}C=0, \end{cases}$$

结果为

$$I=\frac{1}{3(2\sqrt{2}-1)}[I_n-2(2+\sqrt{2})I_{2n}+8\sqrt{2}I_{4n}]+O(h^{5/2}).$$ □

4.11 (略)

4.12 确定参数 a 使求积公式的代数精度尽可能高

$$\int_0^h f(x)\mathrm{d}x\approx\frac{h}{2}[f(0)+f(h)]+ah^2[f'(0)-f'(h)]. \tag{1}$$

解 令 $f(x)=x^n, n\geqslant 2$, 得

$$\frac{1}{n+1}h^{n+1}=\frac{1}{2}h^{n+1}-a^nh^{n+1},$$

从而 $\dfrac{1}{n+1}=\dfrac{1}{2}-an$, 求得 $a=\dfrac{n-1}{2n(n+1)}$.

公式 (1) 对 $f(x)=1, x$ 精确成立.

当 $n=2$ 时, $a=1/12, n=3$ 时, $a=1/12, n=4$ 时, $a=3/40$, 故当取 $a=1/12$ 时, (1) 具有三次代数精确度. □

4.13 假定求积公式

$$\int_{-1}^1 x^2f(x)\mathrm{d}x\approx A_0f(x_0)$$

对于 1 和 x 精确成立, 试求 x_0 和 A_0.

解 由 $\displaystyle\int_{-1}^1 x^2\mathrm{d}x=A_0, \int_{-1}^1 x^3\mathrm{d}x=A_0x_0$, 可得

$$A_0=\left.\frac{x^3}{3}\right|_{-1}^1=\frac{2}{3},\quad x_0=\frac{1}{A_0}\int_{-1}^1 x^3\mathrm{d}x=0.$$

故

$$\int_{-1}^1 x^2f(x)\mathrm{d}x\approx\frac{2}{3}f(0).$$ □

4.14　建立 Gauss 型求积公式：

$$\int_0^1 \frac{f(x)}{\sqrt{x}}\mathrm{d}x \approx A_1 f(x_1) + A_2 f(x_2).$$

解　令 $f_1(x)=(x-x_1)(x-x_2)$ 和 $f_2(x)=x(x-x_1)(x-x_2)$, 代入题中所述求积公式得

$$x_1+x_2=\frac{6}{7},\quad x_1\cdot x_2=\frac{3}{35},$$

$$x_1=\frac{3}{7}-\frac{2}{7}\cdot\sqrt{\frac{6}{5}},\quad x_2=\frac{3}{7}+\frac{2}{7}\sqrt{\frac{6}{5}},$$

$$A_1=1+\frac{1}{3}\sqrt{\frac{5}{6}},\quad A_2=1-\frac{1}{3}\sqrt{\frac{5}{6}}.$$

□

4.15　(略)

4.16　求数值微分公式的余项.

$$f'(x_0)\approx\frac{-3f(x_0)+4f(x_0+h)-f(x_0+2h)}{2h}.$$

解　于 x_0, x_0+2h , x_0+h 三点作 $f(x)$ 的 Lagrange 插值多项式

$$\begin{aligned}L_2(x)=&\frac{(x-x_0-h)(x-x_0-2h)}{2h^2}f(x_0)\\&+\frac{(x-x_0)(x-x_0-2h)}{-h^2}f(x_0+h)\\&+\frac{(x-x_0)(x-x_0-h)}{2h^2}f(x_0+2h),\end{aligned}$$

$$\begin{aligned}L_2'(x)=&\frac{2x-2x_0-3h}{2h^2}f(x_0)\\&+\frac{2x-2x_0-2h}{-h^2}f(x_0+h)\\&+\frac{2x-2x_0-h}{2h^2}f(x_0+2h).\end{aligned}$$

令 $x=x_0$, 得

$$f'(x_0)\approx\frac{-3f(x_0)+4f(x_0+h)-f(x_0+2h)}{2h}.$$

因为余项

$$R(x) = f(x) - L_2(x) = \frac{f^{(3)}(\xi)}{3!}(x - x_0)(x - x_0 - h)(x - x_0 - 2h),$$

所以

$$R'(x_0) = f'(x_0) - L_2'(x_0) = \frac{f^{(3)}(\xi)}{3}h^2.$$ □

第 5 章　线性代数方程组求解

5.1　试证:(1) 分别由式 (5.2), (5.3) 和 (5.4) 所定义的实值函数均构成 $\mathbb{R}^n$ 上的范数;

(2) 设 $\|x\|$ 是在 $\mathbb{R}^n$ 上的一个范数, 则 $\|x\|$ 是 x 的分量 $x_1, x_2, \cdots, x_n$ 的连续函数.

证明　(1) 只需验证向量范数的三条性质.

① 公式 (5.2) 定义的范数 $\|x\|_1 = \sum_{i=1}^{n} |x_i|$.

1° $\forall x \in \mathbb{R}^n, \|x\|_1 \geqslant 0$. 且 $\|x\|_1 = 0 \Leftrightarrow x_i = 0 \Leftrightarrow x = 0$;

2° $\|\alpha x\|_1 = \sum_{i=1}^{n} |\alpha x_i| = |\alpha| \sum_{i=1}^{n} |x_i| = |\alpha| \cdot \|x\|_1, \forall x \in \mathbb{R}^n,\ \alpha \in \mathbb{R}$;

3° $$\begin{aligned}\|x+y\|_1 &= \sum_{i=1}^{n} |x_i + y_i| \leqslant \sum_{i=1}^{n} (|x_i| + |y_i|) \\ &= \sum_{i=1}^{n} |x_i| + \sum_{i=1}^{n} |y_i| = \|x\|_1 + \|y\|_1, \quad \forall x, y \in \mathbb{R}^n.\end{aligned}$$

② 公式 (5.3) 定义的范数 $\|x\|_2 = \left(\sum_{i=1}^{n} |x_i|^2 \right)^{1/2}$.

1° $\forall x \in \mathbb{R}^n, \|x\|_2 \geqslant 0$. 且 $\|x\|_2 = 0 \Leftrightarrow x_i = 0 \Leftrightarrow x = 0$;

2° $\|\alpha x\|_2 = \left(\sum_{i=1}^{n} |\alpha x_i|^2 \right)^{1/2} = \left(|\alpha|^2 \sum_{i=1}^{n} |x_i|^2 \right)^{1/2} = |\alpha| \cdot \|x\|_2, \forall x \in \mathbb{R}^n, \alpha \in \mathbb{R}$;

3° $$\begin{aligned}\|x+y\|_2^2 &= (x+y, x+y) \\ &= (x,x) + 2(x,y) + (y,y) \\ &= \|x\|_2^2 + 2(x,y) + \|y\|_2^2 \\ &\leqslant \|x\|_2^2 + 2\|x\|_2 \cdot \|y\|_2 + \|y\|_2^2 \quad (\text{Cauchy不等式}) \\ &= (\|x\|_2 + \|y\|_2)^2 \\ &\Rightarrow \|x+y\|_2 \leqslant \|x\|_2 + \|y\|_2, \forall x, y \in \mathbb{R}^n.\end{aligned}$$

③ 公式 (5.4) 定义的范数 $\|x\|_\infty = \max\limits_i |x_i|$.

1° $\|x\|_\infty \geqslant 0, \forall x \in \mathbb{R}^n$, 且 $\|x\|_\infty = 0 \Leftrightarrow x_i = 0 \Leftrightarrow x = 0$;

2° $\|\alpha x\|_\infty = \max\limits_i |\alpha x_i| = |\alpha| \cdot \max\limits_i |x_i| = |\alpha| \cdot \|x\|_\infty$, $\forall x \in \mathbb{R}^n$, $\alpha \in \mathbb{R}$;

3° $$\begin{aligned}\|x+y\|_\infty &= \max_i (|x_i + y_i|) \leqslant \max_i (|x_i| + |y_i|) \\ &\leqslant \max_i |x_i| + \max_i |y_i| = \|x\|_\infty + \|y\|_\infty, \forall x, y \in \mathbb{R}^n.\end{aligned}$$

(2) 对任何 $x = (x_1, \cdots, x_n)^{\mathrm{T}}, y = (y_1, \cdots, y_n)^{\mathrm{T}}$ 有

$$x = \sum_{j=1}^n x_j e_j, \quad y = \sum_{j=1}^n y_j e_j,$$

其中 e_j 是第 j 个单位向量. 从而我们有

$$\begin{aligned}|\|x\| - \|y\|| \leqslant \|x - y\| = \left\|\sum_{j=1}^n (x_j - y_j) e_j\right\| &\leqslant \sum_{j=1}^n |x_j - y_j| \cdot \|e_j\| \\ &\leqslant \max_j \|e_j\| \cdot \sum_{j=1}^n |x_j - y_j|.\end{aligned}$$

因而当 $y \to x$ 时, $\|y\| \to \|x\|$, 即 $\|x\|$ 为 x 的连续函数. □

5.2　试分别画出单位圆 $S_p = \{x \in \mathbb{R}^2, \|x\|_p = 1\}, p = 1, 2, \infty$ 的图形.

解

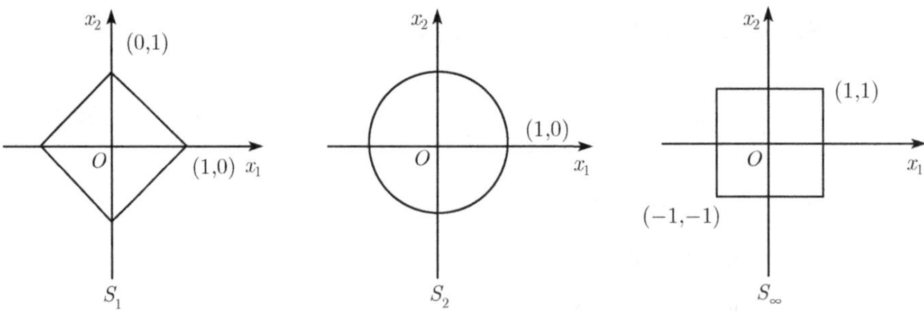

□

5.3　试证矩阵 A 的 F 范数满足定理 5.3 中的相容性条件 (4) 和 (5), 并说明当 A 是一个秩为 1 的矩阵时, 矩阵的 F 范数和 2 范数的关系.

证明　用 $a^{(i)}$ 表示 A 的第 i 行, 则

$$A=\begin{bmatrix} a^{(1)} \\ a^{(2)} \\ \vdots \\ a^{(n)} \end{bmatrix}.$$

从而有

$$Ax=\begin{bmatrix} a^{(1)}x \\ \vdots \\ a^{(n)}x \end{bmatrix}.$$

于是

$$\|Ax\|_2^2=\sum_{i=1}^{n}(a^{(i)}x)^2 \leqslant \sum_{i=1}^{n}\left\|a^{(i)}\right\|_2^2\cdot\|x\|_2^2=\|A\|_F^2\cdot\|x\|_2^2.$$

现设 $A, B\in\mathbb{R}^{n\times n}$, 用 b_j 表示 B 的第 j 列

$$B=(b_1,b_2,\cdots,b_n),$$

于是

$$\begin{aligned}\|A\cdot B\|_F^2&=\sum_{j=1}^{n}\|Ab_j\|_2^2\leqslant\sum_{j=1}^{n}\|A\|_F^2\cdot\|b_j\|_2^2\\&=\|A\|_F^2\sum_{j=1}^{n}\|b_j\|_2^2=\|A\|_F^2\cdot\|B\|_F^2.\end{aligned}$$

当 A 是一个秩为 1 的矩阵时可以保证: 若存在 x 使 A 的某个行向量与之内积对应的不等式成为等式, 则该 x 就能使 A 的其他行向量与之内积对应的不等式成为等式 (因为 A 的不同行向量可以互为线性表出), 这样可以证明矩阵的 F 范数等于 2 范数. □

5.4　用 Gauss 逐步消去法解方程组

$$\begin{bmatrix} 1 & 2 & 1 \\ 2 & 2 & 3 \\ -1 & -3 & 0 \end{bmatrix}\begin{bmatrix} x_1 \\ x_2 \\ x_3 \end{bmatrix}=\begin{bmatrix} 0 \\ 3 \\ 2 \end{bmatrix}.$$

解　消元.

第 1 步：

$$\begin{bmatrix} 1 & 2 & 1 \\ 0 & -2 & 1 \\ 0 & -1 & 1 \end{bmatrix} \begin{bmatrix} x_1 \\ x_2 \\ x_3 \end{bmatrix} = \begin{bmatrix} 0 \\ 3 \\ 2 \end{bmatrix};$$

第 2 步：

$$\begin{bmatrix} 1 & 2 & 1 \\ 0 & -2 & 1 \\ 0 & 0 & 1/2 \end{bmatrix} \begin{bmatrix} x_1 \\ x_2 \\ x_3 \end{bmatrix} = \begin{bmatrix} 0 \\ 3 \\ 1/2 \end{bmatrix}.$$

回代.

$$x_1 = 1, \quad x_2 = -1, \quad x_3 = 1.$$

□

5.5 用列主元消去法解方程组

$$\begin{bmatrix} 0 & 2 & 1 \\ 1 & 1 & 0 \\ 2 & 3 & 2 \end{bmatrix} \begin{bmatrix} x_1 \\ x_2 \\ x_3 \end{bmatrix} = \begin{bmatrix} 5 \\ 3 \\ 0 \end{bmatrix}.$$

解 第 1 步：

$$\begin{bmatrix} 2 & 3 & 2 \\ 1 & 1 & 0 \\ 0 & 2 & 1 \end{bmatrix} \begin{bmatrix} x_1 \\ x_2 \\ x_3 \end{bmatrix} = \begin{bmatrix} 0 \\ 3 \\ 5 \end{bmatrix};$$

第 2 步：

$$\begin{bmatrix} 2 & 3 & 2 \\ 0 & -1/2 & -1 \\ 0 & 2 & 1 \end{bmatrix} \begin{bmatrix} x_1 \\ x_2 \\ x_3 \end{bmatrix} = \begin{bmatrix} 0 \\ 3 \\ 5 \end{bmatrix};$$

第 3 步：

$$\begin{bmatrix} 2 & 3 & 2 \\ 0 & 2 & 1 \\ 0 & -1/2 & -1 \end{bmatrix} \begin{bmatrix} x_1 \\ x_2 \\ x_3 \end{bmatrix} = \begin{bmatrix} 0 \\ 5 \\ 3 \end{bmatrix};$$

第 4 步：

$$\begin{bmatrix} 2 & 3 & 2 \\ 0 & 2 & 1 \\ 0 & 0 & -3/4 \end{bmatrix} \begin{bmatrix} x_1 \\ x_2 \\ x_3 \end{bmatrix} = \begin{bmatrix} 0 \\ 5 \\ 17/4 \end{bmatrix}.$$

回代.

$$x_1=-\frac{7}{3},\quad x_2=\frac{16}{3},\quad x_3=-\frac{17}{3}.$$ □

5.6　设 A 为 n 阶按行严格对角占优矩阵, 经 Gauss 消去法一步后 A 变为如下形式：

$$A^{(2)}=\begin{bmatrix} a_{11} & A_{12} \\ 0 & A_{22}^{(2)} \end{bmatrix}.$$

试证 $A_{22}^{(2)}$ 是 $n-1$ 阶按行严格对角占优矩阵.

证明　已知 $|a_{ii}|>\sum\limits_{\substack{j\neq i\\ j=1}}^{n}|a_{ij}|(i=1,2,\cdots,n)$, 现证明：

$$\left|a_{ii}^{(2)}\right|>\sum_{\substack{j=2\\ j\neq i}}^{n}\left|a_{ij}^{(2)}\right|,\quad i=2,\ 3,\ \cdots,n.$$

$$\begin{aligned}
\text{右}&=\sum_{\substack{j=2\\ j\neq i}}^{n}\left|a_{ij}-\frac{a_{i1}\cdot a_{1j}}{a_{11}}\right|\leqslant\sum_{j=2}^{n}|a_{ij}|+\left|\frac{a_{i1}}{a_{11}}\right|\cdot\sum_{\substack{j=2\\ j\neq i}}^{n}|a_{1j}|\\
&=\sum_{\substack{j=1\\ j\neq i}}^{n}|a_{ij}|-|a_{i1}|+\left|\frac{a_{i1}}{a_{11}}\right|\cdot\left(\sum_{j=2}^{n}|a_{1j}|-|a_{1i}|\right)\\
&<|a_{ii}|-|a_{i1}|+\left|\frac{a_{i1}}{a_{11}}\right|(|a_{11}|-|a_{1i}|)\\
&=|a_{ii}|-\left|\frac{a_{i1}\cdot a_{1i}}{a_{11}}\right|\leqslant\left|a_{ii}-\frac{a_{i1}\cdot a_{1i}}{a_{11}}\right|=\left|a_{ii}^{(2)}\right|\quad(\text{对列也可以证明}).
\end{aligned}$$ □

5.7　设 A 为实对称非奇异矩阵, 且各阶顺序主子式

$$\Delta_k\neq 0,\quad k=1,\cdots,n,$$

试证：A 可以分解为 $A=LDL^{\mathrm{T}}$, 其中 L 为具有正对角元的下三角阵, D 为对角矩阵, 其对角元 $|d_{ii}|=1$.

证明　$A=LDU$(已知), L 为单位下三角阵, U 为单位上三角阵, D=diag(d_{11}, $\cdots,d_{nn}$).

由于 $A^{\mathrm{T}}=A$, 故 $L^{\mathrm{T}}=U$, 写

$$D=\begin{bmatrix} d_{11} & & & \\ & d_{22} & & \\ & & \ddots & \\ & & & d_{nn} \end{bmatrix}$$

$$=\begin{bmatrix} |d_{11}|^{1/2} & & \\ & \ddots & \\ & & |d_{nn}|^{1/2} \end{bmatrix}\begin{bmatrix} \frac{d_{11}}{|d_{11}|} & & 0 \\ & \ddots & \\ 0 & & \frac{d_{nn}}{|d_{nn}|} \end{bmatrix}$$

$$\cdot\begin{bmatrix} |d_{11}|^{1/2} & & \\ & \ddots & \\ & & |d_{nn}|^{1/2} \end{bmatrix},$$

$$=E^{1/2}\tilde{D}E^{1/2}.$$

$$A=LDL^{\mathrm{T}}=L(E^{1/2}\tilde{D}E^{1/2})L^{\mathrm{T}}=(LE^{1/2})\tilde{D}(LE^{1/2})^{\mathrm{T}}=\tilde{L}\tilde{D}\tilde{L}^{\mathrm{T}},$$

$\tilde{D}$ 的对角元绝对值等于 1, $\tilde{L}$ 的对角元即为 $E^{1/2}$ 的对角元 >0. □

5.8　用追赶法解如下三对角方程组:

$$\begin{bmatrix} 2 & 1 & & \\ 1 & 3 & 1 & \\ & 1 & 1 & 1 \\ & & 2 & 1 \end{bmatrix}\begin{bmatrix} x_1 \\ x_2 \\ x_3 \\ x_4 \end{bmatrix}=\begin{bmatrix} 1 \\ 2 \\ 2 \\ 0 \end{bmatrix}.$$

解　(1) LU 分解.

设 $\begin{bmatrix} 2 & 1 & & \\ 1 & 3 & 1 & \\ & 1 & 1 & 1 \\ & & 2 & 1 \end{bmatrix}=\begin{bmatrix} 1 & & & \\ l_2 & 1 & & \\ & l_3 & 1 & \\ & & l_4 & 1 \end{bmatrix}\begin{bmatrix} r_1 & 1 & & \\ & r_2 & 1 & \\ & & r_3 & 1 \\ & & & r_4 \end{bmatrix}$.由待定系数法,
易求得

$$r_1=2,\quad l_2=\frac{1}{r_1}=\frac{1}{2},$$

$$l_2+r_2=3\Rightarrow r_2=3-\frac{1}{2}=\frac{5}{2},$$

$$l_3 r_2 = 1 \Rightarrow l_3 = \frac{1}{r_2} = \frac{2}{5},$$

$$l_3 + r_3 = 1 \Rightarrow r_3 = 1 - \frac{2}{5} = \frac{3}{5},$$

$$l_4 \cdot r_3 = 2 \Rightarrow l_4 = \frac{2}{r_3} = \frac{10}{3},$$

$$l_4 + r_4 = 1 \Rightarrow r_4 = 1 - \frac{10}{3} = -\frac{7}{3}.$$

(2) “追”.

$$\begin{bmatrix} 1 & & & \\ 1/2 & 1 & & \\ & 2/5 & 1 & \\ & & 10/3 & 1 \end{bmatrix} \begin{bmatrix} y_1 \\ y_2 \\ y_3 \\ y_4 \end{bmatrix} = \begin{bmatrix} 1 \\ 2 \\ 2 \\ 0 \end{bmatrix}$$

$$\Rightarrow y_1 = 1, y_2 = \frac{3}{2}, y_3 = \frac{7}{5}, y_4 = -\frac{14}{3}.$$

(3) “赶”.

$$\begin{bmatrix} 2 & 1 & & \\ & 5/2 & 1 & \\ & & 3/5 & 1 \\ & & & -7/3 \end{bmatrix} \begin{bmatrix} x_1 \\ x_2 \\ x_3 \\ x_4 \end{bmatrix} = \begin{bmatrix} 1 \\ 3/2 \\ 7/5 \\ -14/3 \end{bmatrix}$$

$$\Rightarrow x_1 = 0, x_2 = 1, x_3 = -1, x_4 = 2.$$ □

5.9　假定已知 $A \in \mathbb{R}^{n\times n}$ 的三角分解 $A = LU$, 试设计一个算法来计算 A^{-1} 的 (i,j) 元素.

解　记 $A^{-1} = (\bar{a}_1, \bar{a}_2, \cdots, \bar{a}_n)$, 其中 $\bar{a}_j$ 为 A^{-1} 的第 j 列元素.

由于 $AA^{-1} = I$, 故 $A\bar{a}_j = e_j, e_j = (0, \cdots, 1, 0, \cdots, 0)^{\mathrm{T}}, \bar{a}_j = (\bar{a}_{1j}, \bar{a}_{2j}, \cdots, \bar{a}_{nj})^{\mathrm{T}}$, 矩阵 A^{-1} 的 (i,j) 元素即为 $\bar{a}_{ij}$. 因为

$$A = L \cdot U,$$

有

$$(L \cdot U)\bar{a}_j = e_j,$$

记

$$U\bar{a}_j = b, \tag{1}$$

有

$$Lb = e_j. \tag{2}$$

解系数矩阵为下三角阵的方程组 (2) 求得 b, 然后解系数矩阵为上三角阵的方程组 (1), 即可求得 $\bar{a}_j$, 因而得到 $\bar{a}_{ij}$ 的结果. □

5.10 试证对 n 维向量 x 有

$$\|x\|_\infty \leqslant \|x\|_1 \leqslant n\|x\|_\infty.$$

证明 $\|x\|_1 = \sum_{k=1}^{n}|x_k| \leqslant n\max_k|x_k| = n\|x\|_\infty$. 又 $\|x\|_1 \geqslant \max_k|x_k|$, 故 $\|x\|_\infty \leqslant \|x\|_1 \leqslant n\|x\|_\infty$. □

5.11 设 A 为 n 阶实矩阵, 试证

$$\frac{1}{\sqrt{n}}\|A\|_F \leqslant \|A\|_2 \leqslant \|A\|_F.$$

证明 $A = (a_{ij})_{n\times n}$,

$$\|A\|_F^2 = \sum_{i=1}^{n}\sum_{j=1}^{n}|a_{ij}|^2 = \mathrm{tr}(A^{\mathrm{T}}A).$$

又

$$\mathrm{tr}(A^{\mathrm{T}}A) = \lambda_1 + \lambda_2 + \cdots + \lambda_n,$$

其中 λ_i 为 $A^{\mathrm{T}}A$ 的特征值, 由于 $A^{\mathrm{T}}A$ 为半正定矩阵, 有 $\lambda_i \geqslant 0$. 故 $\mathrm{tr}(A^{\mathrm{T}}A) \geqslant \max_i \lambda_i$, 从而有 $\|A\|_F \geqslant \left(\max_i \lambda_i\right)^{1/2} = \|A\|_2$. 又 $\mathrm{tr}(A^{\mathrm{T}}A) \leqslant n\left(\max_i\ \lambda_i\right)$, 故 $\frac{1}{n}\|A\|_F \leqslant \|A\|_2$. □

5.12 设 $\|\cdot\|$ 是向量范数, A 为 $n\times n$ 实矩阵, x 是 n 维向量, 证明 $\|Ax\|$ 是 x 的连续函数.

证明 $|\|Ax\| - \|Ay\|| \leqslant \|Ax - Ay\| \leqslant \|A\|\cdot\|x-y\|$.

从而有 $\|Ax\| \to \|Ay\|$, 当 $x \to y$ 时. □

5.13 设 A, B 为 n 阶非奇异矩阵, $\|\cdot\|$ 表示矩阵的任一种从属范数, 试证:

(1) $\|A^{-1}\| \geqslant 1/\|A\|$;

(2) $\|A^{-1} - B^{-1}\| \leqslant \|A^{-1}\|\cdot\|B^{-1}\|\cdot\|A-B\|$.

证明 (1) $\|A^{-1}\| \geqslant \dfrac{1}{\|A\|}$.

事实上, $A^{-1}A=I$. 故 $\|I\|\leqslant\|A^{-1}\|\cdot\|A\|$, 而 $\|I\|=1$, 从而有 $\|A^{-1}\|\geqslant\dfrac{1}{\|A\|}$.

(2) $\|A^{-1}-B^{-1}\|\leqslant\|A^{-1}\|\cdot\|B^{-1}\|\cdot\|A-B\|$.

事实上,

$$A^{-1}-B^{-1}=A^{-1}(I-AB^{-1})=A^{-1}(B-A)B^{-1},$$

故

$$\|A^{-1}-B^{-1}\|\leqslant\|A^{-1}\|\cdot\|B-A\|\cdot\|B^{-1}\|.$$

□

5.14　设 $\|\cdot\|$ 是由向量范数 $\|\cdot\|$ 诱导的矩阵范数, 证明: 若 $A\in\mathbb{R}^{n\times n}$ 非奇异, 则

$$\|A^{-1}\|^{-1}=\min_{\|x\|=1}\|Ax\|.$$

证明　事实上,

$$\|A^{-1}\|=\max_{\|x\|=1}\|A^{-1}x\|=\max_{x\neq0}\frac{\|A^{-1}x\|}{\|x\|}.$$

令 $A^{-1}x=y$, 则 $x=Ay$, 于是

$$\begin{aligned}\|A^{-1}\|&=\max_{y\neq0}\frac{\|y\|}{\|Ay\|}\\&=\frac{1}{\min\limits_{y\neq0}(\|Ay\|/\|y\|)}=\frac{1}{\min\limits_{\|x\|=1}\|Ax\|}.\end{aligned}$$

故

$$\|A^{-1}\|^{-1}=\min_{\|x\|=1}\|Ax\|.$$

□

5.15　设 $A=LU$ 是 $A\in\mathbb{R}^{n\times n}$ 的三角分解, 其中 $|l_{ij}|\leqslant1$. 并设 $a_i^{\mathrm{T}},u_i^{\mathrm{T}}$ 分别表示 A 和 U 的第 i 行, 验证

$$u_i^{\mathrm{T}}=a_i^{\mathrm{T}}-\sum_{j=1}^{i-1}l_{ij}u_j^{\mathrm{T}},$$

并证明

$$\|U\|_\infty\leqslant2^{n-1}\|A\|_\infty.$$

证明　由 $A=L\cdot U$, 故

$$\begin{bmatrix} a_1^{\mathrm T} \\ \vdots \\ a_i^{\mathrm T} \\ \vdots \\ a_n^{\mathrm T} \end{bmatrix} = \begin{bmatrix} l_{11} & & & & & 0 \\ l_{21} & l_{22} & & & & \\ \vdots & \vdots & \ddots & & & \\ l_{i1} & l_{i2} & \cdots & l_{ii} & & \\ \vdots & \vdots & & \vdots & \ddots & \\ l_{n1} & l_{n2} & \cdots & l_{ni} & \cdots & l_{nn} \end{bmatrix} \begin{bmatrix} u_1^{\mathrm T} \\ u_2^{\mathrm T} \\ \vdots \\ u_n^{\mathrm T} \end{bmatrix},$$

从而有

$$a_i^{\mathrm T}=l_{i1}u_1^{\mathrm T}+l_{i2}u_2^{\mathrm T}+\cdots+l_{ii}u_i^{\mathrm T},\quad l_{ii}=1, i=1,2,\cdots,n.$$

故

$$u_i^{\mathrm T}=a_i^{\mathrm T}-\sum_{j=1}^{i-1} l_{ij}\cdot u_j^{\mathrm T}.$$

用数学归纳法证明.

(1) 由 $u_1^{\mathrm T}=a_1^{\mathrm T}$ 得 $\left\|u_1^{\mathrm T}\right\|_1=\left\|a_1^{\mathrm T}\right\|_1\leqslant\|A\|_\infty$.

(2) 设

$$\left\|u_k^{\mathrm T}\right\|_1\leqslant 2^{k-1}\|A\|_\infty.$$

由于

$$\begin{aligned}\left\|u_{k+1}^{\mathrm T}\right\|_1&=\left\|a_{k+1}^{\mathrm T}-\sum_{j=1}^{k} l_{k+1,j}\cdot u_j^{\mathrm T}\right\|_1\leqslant\left\|a_{k+1}^{\mathrm T}\right\|_1+\sum_{j=1}^{k}\left\|u_j^{\mathrm T}\right\|_1\\&\leqslant\|A\|_\infty+(2^0+2^1+\cdots+2^{k-1})\|A\|_\infty=2^k\|A\|_\infty,\end{aligned}$$

故 $\left\|u_n^{\mathrm T}\right\|_1\leqslant 2^{n-1}\|A\|_\infty$. 而 $\|U\|_\infty=\max\limits_j\left\|u_j^{\mathrm T}\right\|$, 所以

$$\|U\|_\infty\leqslant 2^{n-1}\|A\|_\infty.$$

□

5.16　设 A 非奇异, λ_i 是方阵 $A^{\mathrm T}A$ 的特征值, 证明:

$$\mathrm{cond}_2^2(A)=\mathrm{cond}_2(A^{\mathrm T}A)=\frac{\max\limits_i\lambda_i}{\min\limits_i\lambda_i}.$$

证明 首先证明 $A^{\mathrm{T}}A$ 为正定矩阵. 事实上, 由于 A 非奇异, 若 $Y=Ax$, $x\neq 0$, 则 $Y\neq 0$, 考虑当 $x\neq 0$ 时有

$$(A^{\mathrm{T}}Ax,x)=(Ax,Ax)>0,$$

即 $A^{\mathrm{T}}A$ 为正定矩阵. 设它的特征值为 $\lambda_1\geqslant\lambda_2\geqslant\cdots\geqslant\lambda_n>0$, 由于

$$\mathrm{cond}_2(A^{\mathrm{T}}A)=\left\|A^{\mathrm{T}}A\right\|_2\cdot\left\|(A^{\mathrm{T}}A)^{-1}\right\|_2,$$

$$\left\|A^{\mathrm{T}}A\right\|_2=\sqrt{\rho[(A^{\mathrm{T}}A)^2]}=\rho(A^{\mathrm{T}}A)=\lambda_1,$$

$$\left\|(A^{\mathrm{T}}A)^{-1}\right\|_2=\sqrt{\rho[((A^{\mathrm{T}}A)^{-1})^2]}=\rho((A^{\mathrm{T}}A)^{-1})=\frac{1}{\lambda_n}.$$

故

$$\mathrm{cond}_2(A^{\mathrm{T}}A)=\frac{\lambda_1}{\lambda_n}=\frac{\max\lambda_i}{\min\lambda_i}.$$

又 $\mathrm{cond}_2^2(A)=\|A\|_2^2\cdot\left\|A^{-1}\right\|^2$, 由于 A 为对称矩阵, 所以

$$\|A\|_2^2=\left\|A^{\mathrm{T}}A\right\|_2,\quad \left\|A^{-1}\right\|^2=\left\|(A^{\mathrm{T}}A)^{-1}\right\|_2,$$

故

$$\mathrm{cond}_2^2(A)=\mathrm{cond}_2(A^{\mathrm{T}}A)=\frac{\max\lambda_i}{\min\lambda_i}.$$ □

5.17 设

$$A=\begin{bmatrix}1 & 0.99\\ 0.99 & 0.98\end{bmatrix},\quad b=\begin{bmatrix}1\\ 1\end{bmatrix},$$

已知方程组 $Ax=b$ 的精确解为 $x^*=(100,-100)^{\mathrm{T}}$.

(1) 计算条件数 $\|A\|_\infty\cdot\left\|A^{-1}\right\|_\infty$;

(2) 取 $\tilde{x}_1=(1,0)^{\mathrm{T}}$, $\tilde{x}_2=(100.5,-99.5)^{\mathrm{T}}$, 分别计算它的残余向量. 本题的结果说明了什么问题?

解

$$A=\begin{bmatrix}1 & 0.99\\ 0.99 & 0.98\end{bmatrix},\quad \|A\|_\infty=1.99.$$

又

$$A^{-1} = \begin{bmatrix} -0.98/10^{-4} & 0.99/10^{-4} \\ 0.99/10^{-4} & -1/10^{-4} \end{bmatrix},$$

$$\|A^{-1}\|_\infty = 1.99 \times 10^4,$$

故 (1) $\mathrm{cond}_\infty(A) = \|A\|_\infty \cdot \|A^{-1}\|_\infty = (1.99)^2 \times 10^{-4} \cdot 1.$

(2) 取 $\tilde{x}_1 = (1,0)^{\mathrm{T}}$; 得

$$r_1 = 1 - 1 \times 1 - 0.99 \times 0 = 0,$$

$$r_2 = 1 - 0.99 \times 1 - 0.98 \times 0 = 0.01.$$

取 $\tilde{x}_2 = (100.5, -99.5)^{\mathrm{T}}$, 得

$$r_1 = 1 - 100.5 \times 1 + 99.5 \times 0.99 = -0.995,$$
$$r_2 = 1 - 0.99 \times 100.5 - 0.98 \times (-99.5) = -0.985.$$

□

注　$\tilde{x}_1, \tilde{x}_2$ 可作为方程组的近似解, 但由于方程组是病态的, 所以 $\tilde{x}_1$ 和 $\tilde{x}_2$ 有很大的差别.

5.18　求矩阵 Q 的 $\|Q\|_p$, $p = 1, 2, \infty$, 以及 $\mathrm{cond}_\infty(Q)$, 其中

$$Q = \begin{bmatrix} 1 & 1 & 1 & 1 \\ -1 & 1 & -1 & 1 \\ -1 & -1 & 1 & 1 \\ 1 & -1 & -1 & 1 \end{bmatrix}.$$

解

$$Q^{-1} = \frac{1}{4}\begin{bmatrix} 1 & -1 & -1 & 1 \\ 1 & 1 & -1 & -1 \\ 1 & -1 & 1 & -1 \\ 1 & 1 & 1 & 1 \end{bmatrix}, \quad Q^{\mathrm{T}}Q = \begin{bmatrix} 4 & & & \\ & 4 & & \\ & & 4 & \\ & & & 4 \end{bmatrix}.$$

(1) $\|Q\|_1 = 4$, $\|Q\|_2 = \sqrt{\lambda_{\max}(Q^{\mathrm{T}}Q)} = 2$, $\|Q\|_\infty = 4$.

(2) $\mathrm{cond}_\infty(Q) = \|Q\|_\infty \cdot \|Q^{-1}\|_\infty = 4 \times 1 = 4.$

□

5.19　若存在正定矩阵 P, 使

$$B = P - H^{\mathrm{T}}PH$$

为对称正定矩阵, 试证迭代法

$$x^{k+1} = Hx^k + b, \quad k = 0, 1, 2, \cdots$$

收敛.

证明　已知 $(Px, x) > 0$, $(Bx,\ x) > 0$. 现证明 $|\lambda_H| < 1$.

设 λ, u 分别为 H 的任意特征值和相对应的特征向量, 有

$$\begin{aligned}(Bu, u) &= ((P - H^{\mathrm{T}}PH)u, u) = (Pu, u) - (PHu, Hu) \\ &= (Pu, u) - |\lambda|^2 (Pu, u) = (1 - |\lambda|^2)(Pu, u).\end{aligned}$$

由 P, B 的正定性, 有 $1 - |\lambda|^2 > 0$, 即 $|\lambda| < 1$. □

5.20　设有方程组 $Ax = b$, 其中

$$A = \begin{bmatrix} 1 & 0 & -1 \\ 2 & 2 & 1 \\ 0 & 2 & 2 \end{bmatrix}, \quad b = \begin{bmatrix} 1/2 \\ 1/3 \\ -2/3 \end{bmatrix}.$$

已知它有解 $x = (1/2, -1/3, 0)^{\mathrm{T}}$. 如果右端有小扰动 $\|\delta b\|_\infty = 10^{-6}/2$, 试估计由此引起的解的相对误差.

解　因为 $\dfrac{\|x - \tilde{x}\|_\infty}{\|x\|_\infty} \leqslant \|A\|_\infty \cdot \left\|A^{-1}\right\|_\infty \dfrac{\|\delta b\|_\infty}{\|b\|_\infty}$, 其中

$$A = \begin{bmatrix} 1 & 0 & -1 \\ 2 & 2 & 1 \\ 0 & 2 & 2 \end{bmatrix}, \quad A^{-1} = \begin{bmatrix} -1 & 1 & -1 \\ 2 & -1 & 3/2 \\ -2 & 1 & -1 \end{bmatrix},$$

$$\|A\|_\infty = 5, \quad \left\|A^{-1}\right\|_\infty = \frac{9}{2}.$$

故

$$\frac{\|x - \tilde{x}\|_\infty}{\|x\|_\infty} \leqslant 5 \times \frac{9}{2} \cdot \frac{10^{-6}/2}{2/3} = 135 \times \frac{10^{-6}}{8}.$$ □

5.21　设有迭代格式

$$x^k = Bx^{k-1} + g, \quad k = 1, 2, \cdots,$$

其中

$$B = \begin{bmatrix} 0 & 0.5 & -1/\sqrt{2} \\ 0.5 & 0 & 0.5 \\ 1/\sqrt{2} & 0.5 & 0 \end{bmatrix}, \quad g = \begin{bmatrix} -0.5 \\ 1 \\ -0.5 \end{bmatrix}.$$

试证该迭代格式收敛. 并取 $x^0 = (0,0,0)^{\mathrm{T}}$, 计算 x^4.

解　可先验证 $\rho(B) = 0$.

因迭代格式收敛, 由于 $\rho(B) = 0$, 故

$$B \sim J = \begin{bmatrix} 0 & 1 & \\ & 0 & 1 \\ & & 0 \end{bmatrix},$$

即 $B = T^{-1}JT, B^3 = 0$. 记 $\varepsilon_k = x^* - x^k$, 于是

$$\varepsilon_k = B^k \varepsilon_0, \quad \varepsilon_3 = 0,$$

即 $x^3 = x^*$, x^4 即为精确解. □

5.22　若 A 严格对角占优或不可约对角占优, 试证明求解方程组 $Ax = b$ 的 Jacobi 迭代法是收敛的.

证明　记 Jacobi 迭代法的迭代矩阵为 J, $J = D^{-1}(L+U)$, J 的特征多项式为 $\det(\lambda I - J) = 0$, 而

$$\begin{aligned} \det(\lambda I - J) &= \det(\lambda I - D^{-1}(L+U)) = \det D^{-1}(D \cdot \lambda I - (L+U)) \\ &= \det D^{-1} \cdot \det(\lambda D - (D - A)) = \det D^{-1} \cdot \det(\lambda D + A - D). \end{aligned}$$

显然, $\det(\lambda I - J) = 0 \Leftrightarrow \det(\lambda D + A - D) = 0$.

设 λ为J 的任一特征值, 若 $|\lambda| \geqslant 1$, 则 $\lambda D + A - D$ 仍为严格对角占优或不可约对角占优, 从而非奇异, 于是 $\det(\lambda I - J) \neq 0$, 即 λ 不是 J 的特征值, 故 $|\lambda| < 1$, 从而 $\rho(D^{-1}(L+U)) < 1$, 因此, Jacobi 迭代法收敛. □

5.23　给定方程组

$$\begin{bmatrix} 1 & 2 & -2 \\ 1 & 1 & 1 \\ 2 & 2 & 1 \end{bmatrix} \begin{bmatrix} x_1 \\ x_2 \\ x_3 \end{bmatrix} = \begin{bmatrix} 1 \\ 1 \\ 1 \end{bmatrix}.$$

证明 Jacobi 迭代方法收敛而 G-S 迭代方法发散.

解　Jacobi 方法的迭代矩阵为

$$B_1 = D^{-1}(D - A),$$

特征方程为

$$\det(\lambda I - B_1) = 0$$

或

$$\det(D^{-1}) \cdot \det(\lambda D - (L + U)) = 0,$$

即

$$\begin{vmatrix} \lambda a_{11} & a_{12} & a_{13} \\ a_{21} & \lambda a_{22} & a_{23} \\ a_{31} & a_{32} & \lambda a_{33} \end{vmatrix} = \begin{vmatrix} \lambda & 2 & -2 \\ 1 & \lambda & 1 \\ 2 & 2 & \lambda \end{vmatrix} = 0,$$

$\lambda^3 = 0, \rho(B_1) = 0$, Jacobi 方法收敛.

Gauss-Seidel 迭代方法的迭代矩阵为

$$B_2 = (D - L)^{-1}U,$$

特征方程为

$$\det(\lambda I - B_2) = 0,$$

或 B_2 的特征值为下面方程的根:

$$\det(\lambda(D - L) - U) = 0,$$

即

$$\begin{vmatrix} \lambda a_{11} & a_{12} & a_{13} \\ \lambda a_{21} & \lambda a_{22} & a_{23} \\ \lambda a_{31} & \lambda a_{32} & \lambda a_{33} \end{vmatrix} = 0, \quad \begin{vmatrix} \lambda & 2 & -2 \\ \lambda & \lambda & 1 \\ 2\lambda & 2\lambda & \lambda \end{vmatrix} = 0,$$

即

$$\lambda^3-4\lambda^2+4\lambda+4\lambda^2-2\lambda^2-2\lambda^2=0,$$

$$\lambda^3-4\lambda^2+4\lambda=0,\quad \lambda(\lambda-2)^2=0,$$

$$\lambda_1=0,\quad \lambda_{1,2}=2(\text{重根}).$$

故 $\rho(B_2)>1$, Gauss-Seidel 迭代方法发散. □

5.24 设 $A=(a_{ij})_{2\times2}$ 是二阶矩阵, 且 $a_{11}\cdot a_{22}\neq0$. 证明：求解 $Ax=b$ 的 Jacobi 迭代方法和 G-S 迭代方法同时收敛或同时发散.

解

$$\rho(D^{-1}(L+U))=\sqrt{\left|\frac{a_{12}\cdot a_{21}}{a_{11}\cdot a_{22}}\right|},$$

$$\rho\left((D-L)^{-1}U\right)=\left|\frac{a_{12}\cdot a_{21}}{a_{11}\cdot a_{22}}\right|.$$ □

5.25 设 A 为正交矩阵, $B=2I-A$. 求证线性方程组 $B^{\mathrm{T}}Bx=b$, 用 G-S 方法求解必收敛.

证明 A 为正交矩阵, 有 $A^{\mathrm{T}}\cdot A=I$. 设 λ 为 A 的某一特征值, 相应特征向量为 v, 有

$$Av=\lambda v,$$

$$(Av,Av)=(\lambda v,\lambda v)=|\lambda|^2(v,v).$$

又

$$(Av,Av)=(A^{\mathrm{T}}Av,v)=(v,v),$$

故 $|\lambda|=1$. 矩阵 $B=2I-A,\lambda_B=2-\lambda_A$.

由于 $|\lambda_A|=1$, 故 λ_B 不等于零, 从而矩阵 B 非奇异, 又 $B^{\mathrm{T}}B$ 为对称矩阵, 且 B 非奇异, 可知 $B^{\mathrm{T}}B$ 为对称正定矩阵, 从而迭代法 $x^{(k+1)}=B^{\mathrm{T}}BX^{(k)}+d$ 收敛. □

5.26 设求解方程 $Ax=b$ 的简单迭代法

$$x^{k+1}=Gx^k+d,\quad k=0,1,2,\cdots$$

收敛. 求证当 $0<\omega<1$ 时, 迭代法

$$x^{k+1}=[(1-\omega)I+\omega G]x^k+\omega d,\quad k=0,1,2,\cdots$$

收敛.

证明　$x^{k+1}=Gx^k+d$ 收敛. 记 $Q=(1-\omega)I+\omega G, \lambda_Q, \lambda_G$ 分别表示矩阵 Q, G 的特征值, 则当 $0<\omega<1$ 时,

$$\begin{aligned}&\lambda_Q=1-\omega+\omega\lambda_G,\\&|\lambda_Q|\leqslant|1-\omega|+\omega|\lambda_G|=1-\omega(1-|\lambda_G|)<1.\end{aligned}$$

□

所以

$$x^{k+1}=[(1-\omega)I+\omega G]x^k+\omega d$$

收敛.

5.27　求证: 矩阵

$$A=\begin{bmatrix}1&a&a\\a&1&a\\a&a&1\end{bmatrix}$$

当 $-0.5<a<1$ 时正定, 当 $-0.5<a<0$ 时 Jacobi 迭代法解 $Ax=b$ 收敛.

证明　A 正定的充分必要条件为

$$(1)\ \begin{vmatrix}1&a\\a&1\end{vmatrix}>0,\quad (2)\ \begin{vmatrix}1&a&a\\a&1&a\\a&a&1\end{vmatrix}>0$$

均满足. 由 (1) 得

$$a^2<1,\quad 即\ a\in(-1,1).$$

由 (2) 得

$$2a^3-3a^2+1>0.$$

记 $f(a)=2a^3-3a^2+1$, 则

$$f'(a)=6a^2-6a=6a(a-1).$$

可知 $f(a)$ 于 $(-\infty,0)$ 上单调上升, 于 $(0,1)$ 上单调下降, 于 $(1,+\infty)$ 上单调上升. 所以 $a=0,1$ 为 $f(a)$ 的极值点.

又 $a=-1/2,1$ 为 $f(a)$ 的零点, 故当 $a\in(-1/2,1)$ 时, $f(a)>0$.

所以当 $-1/2<a<1$ 时, 矩阵 A 正定.

又若要 Jacobi 迭代法收敛, 则要求取 a, 使得 A 和 $2D-A$ 同时正定, 此时

$$2D-A=\begin{bmatrix}1&-a&-a\\-a&1&-a\\-a&-a&1\end{bmatrix}.$$

$2I-A$ 为正定矩阵的充分必要条件为

$$(3)\ \begin{vmatrix}1&-a\\-a&1\end{vmatrix}>0,\quad (4)\ \begin{vmatrix}1&-a&-a\\-a&1&-a\\-a&-a&1\end{vmatrix}>0$$

同时成立, 由 (3) 得

$$1-a^2>0,\quad 即\ a^2<1,\quad 亦即\ a\in(-1,1).$$

由 (4) 得 $1-2a^3-3a^2>0$. 记 $g(a)=1-2a^3-3a^2$, 则 $g'(a)=-6a(a+1)$, 可知: $g(a)$ 于 $(0,+\infty)$ 单调下降, $g(a)$ 于 $(-1,0)$ 单调上升, 又 $a=1/2$, $a=-1$ 为 $g(a)$ 的零点, 故当 $a\in(-1,1/2)$ 时, $g(a)>0$.

综合起来, 当 $a\in(-1/2,1/2)$ 时矩阵 A 和 $2D-A$ 同时为正定对称矩阵, 故当 $a\in(-1/2,0)$ 时, Jacobi 方法解方程 $Ax=b$ 是收敛的. □

5.28 设

$$A=\begin{bmatrix}1&0&a&a\\0&1&a&a\\a&a&1&0\\a&a&0&1\end{bmatrix},\quad a=-\frac{1}{4}.$$

计算 Jacobi, G-S 迭代矩阵的谱半径.

解 设 Jacobi, G-S 迭代法的迭代矩阵分别为 B_1, B_2, 则 $B_1=D^{-1}(L+U)$, $B_2=(D-L)^{-1}U$.

(1)

$$\det(\lambda I-B_1)=\begin{vmatrix}\lambda&0&a&a\\0&\lambda&a&a\\a&a&\lambda&0\\a&a&0&\lambda\end{vmatrix}=\begin{vmatrix}\lambda&0&a&a\\0&\lambda&a&a\\a&a&\lambda&0\\0&0&-\lambda&\lambda\end{vmatrix}$$

$$= \lambda \begin{vmatrix} \lambda & a & a \\ a & \lambda & 0 \\ 0 & -\lambda & \lambda \end{vmatrix} + a \begin{vmatrix} 0 & a & a \\ \lambda & a & a \\ 0 & -\lambda & \lambda \end{vmatrix}$$

$$= \lambda^2 (\lambda + 2a) (\lambda - 2a)$$

$$\Rightarrow \lambda_{1,2} = 0, \lambda_3 = -2a, \lambda_4 = 2a \Rightarrow \rho(B_1) = |2a| = \frac{1}{2}.$$

(2)

$$\det(\lambda I - B_2) = \det(\lambda I - (D-L)^{-1}U) = \det(D-L)^{-1} \cdot \det(\lambda(D-L) - U).$$

下面考虑 $\det(\lambda(D-L) - U)$.

$$\det(\lambda(D-L)-U) = \begin{vmatrix} \lambda & 0 & a & a \\ 0 & \lambda & a & a \\ a\lambda & a\lambda & \lambda & 0 \\ a\lambda & a\lambda & 0 & \lambda \end{vmatrix} = \begin{vmatrix} \lambda & -\lambda & 0 & 0 \\ 0 & \lambda & a & a \\ a\lambda & a\lambda & \lambda & 0 \\ a\lambda & a\lambda & 0 & \lambda \end{vmatrix}$$

$$= \lambda \begin{vmatrix} \lambda & a & a \\ a\lambda & \lambda & 0 \\ a\lambda & 0 & \lambda \end{vmatrix} + \lambda \begin{vmatrix} 0 & a & a \\ a\lambda & \lambda & 0 \\ a\lambda & 0 & \lambda \end{vmatrix}$$

$$= \lambda \begin{vmatrix} \lambda & 0 & a \\ a\lambda & \lambda & 0 \\ a\lambda & -\lambda & \lambda \end{vmatrix} + \lambda \begin{vmatrix} 0 & a & a \\ a\lambda & \lambda & 0 \\ 0 & -\lambda & \lambda \end{vmatrix}$$

$$= \lambda^3(\lambda - 4a^2)$$

$$\Rightarrow \lambda_{1,2,3} = 0, \lambda_4 = 4a^2 = \frac{1}{4} \Rightarrow \rho(B_2) = \frac{1}{4}.$$ □

5.29　设 A 为实对称正定阵, 试证对于如下 Jacobi 松弛法 (简称 JOR 方法):

$$x^{k+1} = x^k + \omega D^{-1}(b - Ax^k),$$

总存在某个 $\omega > 0$, 使得 JOR 方法收敛.

证明　取 $B = D/w$, 并记

$$A_B = B + B^{\mathrm{T}} - A = \frac{2}{w}D - A.$$

由于 D, A 均正定, 由引理 5.1 知, 必 $\exists\, \omega > 0$, 使得 A_B 正定, 再利用推论 5.2, 知 $\rho(I - B^{-1}A) < 1$, 而 $I - B^{-1}A = I - wD^{-1}A$ 为 JOR 的迭代矩阵. □

5.30　设有方程组 $Ax = b$, 其中 A 为对称正定矩阵, 试证当松弛因子 ω 满足 $0 < \omega < 2/\beta$(β 为 A 的最大特征值) 时下述迭代法收敛:

$$x^{k+1} = x^k + \omega(b - Ax^k), \quad k = 0, 1, 2, \cdots.$$

证明　A 对称正定, 则 $\lambda_A > 0$,

$$x^{k+1} = x^k + \omega(b - Ax^k) = (I - \omega A)x^k + \omega b. \tag{1}$$

当 $|\lambda_G| = |1 - \omega\lambda_A| < 1$ 时, 即

$$-1 < 1 - \omega\lambda_A < 1,$$

亦即

$$0 < \omega\lambda_A < 2, \quad 即\ 0 < \omega < \frac{2}{\lambda_A}.$$

故当 $0 < \omega < \dfrac{2}{\beta}$ 时 (1) 收敛. $\beta = \max \lambda_A$. □

5.31　设方程组为

$$\begin{bmatrix} 6 & 3 \\ 3 & 2 \end{bmatrix} \begin{bmatrix} x_1 \\ x_2 \end{bmatrix} = \begin{bmatrix} 0 \\ -1 \end{bmatrix}.$$

(1) 试用最速下降法解方程组, 取 $x^0 = (0, 0)^{\mathrm{T}}$ 计算到 x^4;

(2) 试用共轭梯度法解方程组, 取 $x^0 = (0, 0)^{\mathrm{T}}$.

解　(1) 最速下降法.

$$x_0 = \begin{bmatrix} 0 \\ 0 \end{bmatrix}, \quad r_0 = b - Ax_0 = \begin{bmatrix} 0 \\ -1 \end{bmatrix} - \begin{bmatrix} 0 \\ 0 \end{bmatrix} = \begin{bmatrix} 0 \\ -1 \end{bmatrix},$$

$$\alpha_0 = \frac{(r_0, r_0)}{(Ar_0, r_0)} = \frac{1}{2},$$

$$x_1 = x_0 + \alpha_0 r_0 = \begin{bmatrix} 0 \\ -1/2 \end{bmatrix},$$

$$r_1 = b - Ax_1 = \begin{bmatrix} 0 \\ -1 \end{bmatrix} - \begin{bmatrix} -3/2 \\ -1 \end{bmatrix} = \begin{bmatrix} 3/2 \\ 0 \end{bmatrix},$$

$$\alpha_1 = \frac{(r_1, r_1)}{(Ar_1, r_1)} = \frac{9/4}{27/2} = \frac{1}{6},$$

$$x_2 = x_1 + \alpha_1 r_1 = \begin{bmatrix} 0 \\ -1/2 \end{bmatrix} + \begin{bmatrix} 1/4 \\ 0 \end{bmatrix} = \begin{bmatrix} 1/4 \\ -1/2 \end{bmatrix},$$

$$r_2 = b - Ax_2 = \begin{bmatrix} 0 \\ -1 \end{bmatrix} - \begin{bmatrix} 0 \\ -1/4 \end{bmatrix} = \begin{bmatrix} 0 \\ -3/4 \end{bmatrix},$$

$$\alpha_2 = \frac{(r_2.r_2)}{(Ar_2.r_2)} = \frac{9/16}{9/8} = \frac{1}{2},$$

$$x_3 = x_2 + \alpha_2 r_2 = \begin{bmatrix} 1/4 \\ -1/2 \end{bmatrix} + \begin{bmatrix} 0 \\ -3/8 \end{bmatrix} = \begin{bmatrix} 1/4 \\ -7/8 \end{bmatrix},$$

$$r_3 = b - Ax_3 = \begin{bmatrix} 0 \\ -1 \end{bmatrix} - \begin{bmatrix} -9/8 \\ -1 \end{bmatrix} = \begin{bmatrix} 9/8 \\ 0 \end{bmatrix},$$

$$\alpha_3 = \frac{(r_3, r_3)}{(Ar_3, r_3)} = \frac{81/64}{243/32} = \frac{1}{6},$$

$$x_4 = x_3 + \alpha_3 r_3 = \begin{bmatrix} 1/4 \\ -7/8 \end{bmatrix} + \begin{bmatrix} 3/16 \\ 0 \end{bmatrix} = \begin{bmatrix} 7/16 \\ -7/8 \end{bmatrix}.$$

(2) 共轭梯度法.

$$x_0 = \begin{bmatrix} 0 \\ 0 \end{bmatrix}, \quad r_0 = \begin{bmatrix} 0 \\ -1 \end{bmatrix},$$

$$p_0 = \begin{bmatrix} 0 \\ -1 \end{bmatrix}, \quad \alpha_0 = \frac{(r_0, r_0)}{(Ap_0, p_0)} = \frac{1}{2},$$

$$x_1 = x_0 + \alpha_0 p_0 = \begin{bmatrix} 0 \\ -1/2 \end{bmatrix},$$

$$r_1 = r_0 - \alpha_0 Ap_0 = \begin{bmatrix} 3/2 \\ 0 \end{bmatrix},$$

$$\beta_0 = \frac{(r_1, r_1)}{(r_0, r_0)} = \frac{9/4}{1} = \frac{9}{4},$$

$$p_1 = r_1 + \beta_0 p_0 = \begin{bmatrix} 3/2 \\ 0 \end{bmatrix} + \begin{bmatrix} 0 \\ -9/4 \end{bmatrix} = \begin{bmatrix} 3/2 \\ -9/4 \end{bmatrix},$$

$$\alpha_1 = \frac{(r_1, r_1)}{(Ap_1, p_1)} = \frac{9/4}{27/8} = \frac{2}{3},$$

$$x_2 = x_1 + \alpha_1 p_1 = \begin{bmatrix} 0 \\ -1/2 \end{bmatrix} + \begin{bmatrix} 1 \\ -3/2 \end{bmatrix} = \begin{bmatrix} 1 \\ -2 \end{bmatrix},$$

$$r_2 = r_1 - \alpha_1 A p_1 = \begin{bmatrix} 3/2 \\ 0 \end{bmatrix} - \begin{bmatrix} 3/2 \\ 0 \end{bmatrix} = \begin{bmatrix} 0 \\ 0 \end{bmatrix}.$$

从而原方程组的解为 $\begin{bmatrix} 1 \\ -2 \end{bmatrix}$. □

5.32　设 $\{p^k\}$, $\{r^k\}$ 为共轭梯度法所定义, 试证:

(1) $(r^i, Ap^i) = (Ap^i, p^i)$;　(2) $(Ar^i, p^j) = 0,\ i \neq j, j+1$.

证明　(1) 左边 $= \left(r^i, \dfrac{r^i - r^{i+1}}{\alpha_i}\right) = \dfrac{1}{\alpha_i}\left(r^i, r^i\right)$

$$= \frac{\left(Ap^i, p^i\right)}{\left(r^i, r^i\right)} \cdot \left(r^i, r^i\right) = \left(Ap^i, p^i\right) = \text{右边}.$$

(2) $Ap^i = \dfrac{r^j - r^{j+1}}{\alpha_j}$, 故

$$\left(Ar^i, p^i\right) = \left(r^i, Ap^j\right) = \frac{1}{\alpha_j}\left(r^i, r^j - r^{j+1}\right) = 0, \quad i \neq j, j+1.$$ □

第 6 章　矩阵特征值问题的解法

6.1　利用圆盘定理估计下列矩阵特征值的界:

(1) $\begin{bmatrix} -1 & 0 & 0 \\ -1 & 1 & 1 \\ -1 & -1 & 2 \end{bmatrix}$;　(2) $\begin{bmatrix} 3 & 2 & 1 \\ 2 & 3 & 0 \\ 1 & 0 & 3 \end{bmatrix}$;　(3) $\begin{bmatrix} 4 & 1 & & \\ 1 & 4 & \ddots & \\ & \ddots & \ddots & 1 \\ & & 1 & 4 \end{bmatrix}$.

解　(1)

$$A = \begin{bmatrix} -1 & 0 & 0 \\ -1 & 1 & 1 \\ -1 & -1 & 2 \end{bmatrix}.$$

$\lambda_A^{(1)} = -1$, 盖尔圆盘是

$$D_2 : |\lambda - 1| \leqslant 2, \quad D_3 : |\lambda - 2| \leqslant 2,$$

$$\lambda_A^{(2)}, \lambda_A^{(3)} \in D_2 \cup D_3, \quad |\lambda_A| \leqslant 4.$$

(2) $A = \begin{bmatrix} 3 & 2 & 1 \\ 2 & 3 & 0 \\ 1 & 0 & 3 \end{bmatrix}$. 由 $A = A^{\mathrm{T}}$, A 的特征值为实数. 盖尔圆盘是

$$D_1 : |\lambda - 3| \leqslant 3, \quad D_2 : |\lambda - 3| \leqslant 2, \quad D_3 : |\lambda - 3| \leqslant 1,$$

$$\lambda_A^{(1)}, \lambda_A^{(2)}, \lambda_A^{(3)} \in D_1 \cup D_2 \cup D_3 = D_1, \quad |\lambda_A| \leqslant 6.$$

(3) $A = \begin{bmatrix} 4 & 1 & & \\ 1 & 4 & \ddots & \\ & \ddots & \ddots & 1 \\ & & 1 & 4 \end{bmatrix}$. $A = A^{\mathrm{T}}, A$ 的特征值为实数. 盖尔圆盘是

$$D_1 : |\lambda - 4| \leqslant 1, \quad D_2 : |\lambda - 4| \leqslant 2,$$

$$\lambda_A^{(i)} \in D_1 \cup D_2 = D_2, \quad |\lambda_A| \leqslant 6.$$

□

6.2　对于下列矩阵 $A(\varepsilon)$, 当 $\varepsilon=0$ 及 $\varepsilon>0$ 时, 确定其特征值和特征向量, 并观察它们当 $\varepsilon\to 0$ 时的性态:

$$(1)\begin{bmatrix}1 & 1\\ \varepsilon & 1\end{bmatrix};\quad (2)\begin{bmatrix}1 & 1\\ 0 & 1+\varepsilon\end{bmatrix};\quad (3)\begin{bmatrix}1 & \varepsilon\\ 0 & 1\end{bmatrix}.$$

解　(1) $A(\varepsilon)=\begin{bmatrix}1 & 1\\ \varepsilon & 1\end{bmatrix}$, 可求得 $A(0)$ 的特征值 $\lambda_{1,\,2}=1$, 特征向量为 $(1,\ 0)^{\mathrm{T}}$, $A(\varepsilon)$的特征值$u_{1,\,2}=1\pm\varepsilon^{1/2}$,$\varepsilon>0$,特征向量为$x_{1,\,2}=\left(1,\ \pm\varepsilon^{1/2}\right)^{\mathrm{T}}$.

从而有 $u_{1,\,2}\to 1$, ($\varepsilon\to 0$ 时), $x_{1,\,2}\to(1,\ 0)^{\mathrm{T}}$.

(2) $A\left(\varepsilon\right)=\begin{bmatrix}1 & 1\\ 0 & 1+\varepsilon\end{bmatrix}$. $A(0)$ 的特征值为 $\lambda_{1,\,2}=1$, 特征向量 $Y=(1,\ 0)^{\mathrm{T}}$.$A(\varepsilon)$ 的特征值为 $u_1=1, u_2=1+\varepsilon$ 相应的特征向量为

$$x_1=(1,\ 0)^{\mathrm{T}},\quad x_2=(1,\ \varepsilon)^{\mathrm{T}}.$$

当 $\varepsilon\to 0$ 时, $u_{1,\,2}$ 收敛于 $\lambda_{1,\,2}=1$, $x_2\to(1,\ 0)^{\mathrm{T}}=Y$.

(3) $A\left(\varepsilon\right)=\begin{bmatrix}1 & \varepsilon\\ 0 & 1\end{bmatrix}$, $A(0)$ 和 $A(\varepsilon)$ 的特征值为 1.

$A(0)$ 的特征向量是 $(1,\ 0)^{\mathrm{T}}$ 和 $(0,\ 1)^{\mathrm{T}}$, 即 $A(0)$ 有完全特征向量系, 而 $A(\varepsilon)$ 的特征向量为 $(1,\ 0)^{\mathrm{T}}$, 事实上, 由 $A(\varepsilon)x=ux, u=1$ 可得

$$\begin{cases} x_1+\varepsilon x_2=x_1,\\ \qquad\quad x_2=x_2.\end{cases}$$

由 $\varepsilon>0$, 得 $x_2=0$, 即 $(1,\ 0)^{\mathrm{T}}$ 为 $A(\varepsilon)$ 的特征向量.

当 $\varepsilon\to 0$ 时仅得 $A(0)$ 的第一个特征向量.　□

6.3　设 $A=[a_{ij}]$ 为 n 阶实对称矩阵, $\lambda_1\geqslant\lambda_2\geqslant\cdots\geqslant\lambda_n$ 为其特征值, 证明:

$$\lambda_n\leqslant a_{ii}\leqslant\lambda_1,\quad i=1,2,\cdots,n.$$

证明　由极大极小定理得

$$\lambda_n\leqslant\frac{(Ax,\ x)}{(x,\ x)}\leqslant\lambda_1.\quad x\neq 0.$$

取 $x=e_i=(0,\ \cdots,\ 1,\cdots,0)^{\mathrm{T}}$, $(e_i,\ e_i)=1$,

$$(Ae_i, e_i) = a_{ii}, \quad i = 1, 2, \cdots, n,$$

故

$$\lambda_n \leqslant a_{ii} \leqslant \lambda_1. \qquad \square$$

6.4~6.6(略)

6.7　在算法 (6.14) 中, 若取 $m_k = \left\|y^{(k)}\right\|_2$, 其收敛性如何?

解　变形乘幂法.

$$\begin{cases} y^{(k)} = AZ^{(k-1)}, \\ m_k = \left\|Y^{(k)}\right\|_2, \quad Z^{(k)} = \dfrac{Y^{(k)}}{m_k} = \cdots = \dfrac{A^k Z^{(0)}}{m_1 \cdots m_k}. \\ Z^{(k)} = \dfrac{Y^{(k)}}{m_k}, \end{cases}$$

又 $\left\|Z^{(k)}\right\|_2 = 1$, 故

$$m_1 \cdots m_k = \left\|A^k Z^{(0)}\right\|_2, \quad Z^{(k)} = \frac{A^k Z^{(0)}}{\left\|A^k Z^{(0)}\right\|_2},$$

$$A^k Z^{(0)} = \lambda_1^k \left(\alpha_1 u_1 + \alpha_2 \left(\frac{\lambda_2}{\lambda_1}\right)^k u_2 + \cdots\right),$$

$$\left\|A^k Z^{(0)}\right\|_2 = |\lambda_1|^k \left\|\alpha_1 u_1 + \left(\frac{\lambda_2}{\lambda_1}\right)^k u_2 + \cdots\right\|_2.$$

若 $|\lambda_1| > |\lambda_2| \geqslant \cdots \geqslant |\lambda_n|$, 则

$$Z^{(k)} \to \sigma \frac{u_1}{\|u_1\|_2}, \quad \sigma = \pm 1.$$

又

$$\begin{aligned} Y^{(k)} =& AZ^{(k-1)} = \frac{A^k Z^{(0)}}{\left\|A^{k-1} Z^{(0)}\right\|} \\ =& \frac{\lambda_1^k \left(\alpha_1 u_1 + \sum\limits_{i=1}^n \alpha_i (\lambda_i/\lambda_1)^k u_i\right)}{\left\|\lambda_1^{k-1} \left(\alpha_1 u_1 + \sum\limits_{i=1}^n \alpha_i (\lambda_i/\lambda_1)^{k-1} u_i\right)\right\|_2}. \end{aligned}$$

若 $|\lambda_1| > |\lambda_2|$, 则 $m_k = \left\|Y^{(k)}\right\|_2 \to |\lambda_1|$. $\square$

6.8　设 $u,v \in \mathbb{R}^n$, 且 $\sigma \neq 0$, 则当 $v^{\mathrm{T}}u - \sigma^{-1} \neq 0$ 时, 初等矩阵

$$E(u,v;\sigma) = I - \sigma uv^{\mathrm{T}}$$

非奇异, 且其逆可表为

$$I - (\sigma + 2\tau - \sigma\tau v^{\mathrm{T}}u)uv^{\mathrm{T}},$$

其中 $\sigma^{-1} + \tau^{-1} = v^{\mathrm{T}}u$.

证明　首先若 $E(u,v;\sigma) = I - \sigma uv^{\mathrm{T}}$, 则 $\det(E(u,v;\sigma)) = 1 - \sigma v^{\mathrm{T}}u$, 故当 $v^{\mathrm{T}}u - \sigma^{-1} \neq 0$ 时, $E(u,v;\sigma)$ 非奇异.

又由 $\sigma^{-1} + \tau^{-1} = v^{\mathrm{T}}u$ 可得

$$\sigma + \tau - \sigma\tau v^{\mathrm{T}}u = 0. \tag{1}$$

因而

$$I - \left(\sigma + 2\tau - \sigma\tau v^{\mathrm{T}}u\right)uv^{\mathrm{T}} = I - \tau uv^{\mathrm{T}}.$$

注意

$$\begin{aligned}\left(I - \sigma uv^{\mathrm{T}}\right)\left(I - \tau uv^{\mathrm{T}}\right) &= I - (\sigma + \tau)uv^{\mathrm{T}} + \sigma\tau v^{\mathrm{T}}u \cdot uv^{\mathrm{T}} \\ &= I - \left(\sigma + \tau - \sigma\tau v^{\mathrm{T}}u\right)uv^{\mathrm{T}} = I.\end{aligned}$$

□

6.9　设非零向量 $x, y \in \mathbb{R}^n$, 试给出一个 Householder 矩阵 H, 使 Hx 为 y 的倍数.

解　此题化为求 α 和 H, 使得 $Hx = \alpha y$.

由于H为正交矩阵, 要求 $\|x\|_2 = \|\alpha y\|_2$. 故 $|\alpha| = \|x\|_2/\|y\|_2$, 记 $x = (x_1, \cdots, x_n)^{\mathrm{T}}$. 取

$$\alpha = \pm\|x\|_2/\|y\|_2, \quad H = I - 2ww^{\mathrm{T}},$$

此时

$$w = \frac{\alpha y - x}{\|\alpha y - x\|_2}.$$

□

6.10(略)

6.11　将矩阵

$$\begin{bmatrix} 1 & 3 & 4 \\ 3 & 1 & 2 \\ 4 & 2 & 1 \end{bmatrix}$$

约化为三对角对称矩阵.

解　首先 Householder 矩阵 $\tilde{H}$, 使得

$$\tilde{H}\begin{bmatrix}3\\4\end{bmatrix}=\begin{bmatrix}-\alpha\\0\end{bmatrix},$$

其中 $\alpha=\sqrt{25}=5$. 于是 $\tilde{H}$ 将 $x=(3,\ 4)^{\mathrm{T}}$ 映射为 $y=(-5,\ 0)^{\mathrm{T}}$.

$$\tilde{H}=I-2\frac{x-y}{\|x-y\|_2^2}\cdot(x-y)^{\mathrm{T}},\quad x-y=(8,\ 4)^{\mathrm{T}},$$

$$(x-y)\ (x-y)^{\mathrm{T}}=\begin{bmatrix}8\\4\end{bmatrix}(8,\ 4)=\begin{bmatrix}64&32\\32&16\end{bmatrix},$$

$$\|x-y\|_2^2=64+16=80.$$

于是

$$\begin{aligned}\tilde{H}&=\begin{bmatrix}1&0\\0&1\end{bmatrix}-\frac{1}{40}\begin{bmatrix}64&32\\32&16\end{bmatrix}\\&=\begin{bmatrix}1-8/5&-4/5\\-4/5&1-2/5\end{bmatrix}=\begin{bmatrix}-3/5&-4/5\\-4/5&3/5\end{bmatrix}.\end{aligned}$$

作 $H=\begin{bmatrix}1&0\\0&\tilde{H}\end{bmatrix}$, 记 $A=\begin{bmatrix}a&b^{\mathrm{T}}\\b&B\end{bmatrix}$, 其中 $a=1, b=(3,\ 4)^{\mathrm{T}}, B=\begin{bmatrix}1&2\\2&1\end{bmatrix}$.

所以

$$HAH=\begin{bmatrix}1&(\tilde{H}b)^{\mathrm{T}}\\\tilde{H}b&\tilde{H}B\tilde{H}\end{bmatrix},\quad \tilde{H}b=\begin{pmatrix}-5\\0\end{pmatrix},$$

$$\begin{aligned}\tilde{H}B\tilde{H}&=\begin{bmatrix}-3/5&-4/5\\-4/5&3/5\end{bmatrix}\begin{bmatrix}1&2\\2&1\end{bmatrix}\begin{bmatrix}-3/5&-4/5\\4/5&3/5\end{bmatrix}\\&=\begin{bmatrix}73/25&14/25\\14/25&-23/25\end{bmatrix},\end{aligned}$$

$$HAH=\begin{bmatrix}1&-5&0\\-5&73/25&14/25\\0&14/25&-23/25\end{bmatrix}.\qquad\square$$

6.12　设 (μ,x) 是 A 的近似特征对, 证明当 μ 取为 x 的 Rayleigh 商, 即

$$\mu=x^{\mathrm{T}}Ax/x^{\mathrm{T}}x$$

时, 残量 $r = Ax - \mu x$ 的范数 $\|r\|_2$ 达到极小.

解 (μ, x) 为 A 的近似特征对. $r = Ax - \mu x$,

$$\|r\|_2^2 = (Ax - \mu x,\ Ax - \mu x) = \|Ax\|_2^2 - 2\mu(Ax,\ x) + \mu^2 \|x\|_2^2 .$$

求 μ, 使得 $\|r\|_2^2$ 达到极小. 令

$$\frac{\mathrm{d}}{\mathrm{d}\mu}\|r\|_2^2 = 0, \quad 即 \quad -2(Ax,\ x) + 2\mu(x,\ x) = 0,$$

故当 $\mu = \dfrac{(Ax,\ x)}{(x,\ x)}$ 时, $\|r\|_2$ 达到极小. □

6.13 (略)

6.14 证明 Jacobi 矩阵

$$C = \begin{bmatrix} \alpha_1 & r_2 & & 0 \\ \beta_2 & \ddots & \ddots & \\ & \ddots & \ddots & r_n \\ 0 & & \beta_n & \alpha_n \end{bmatrix}, \quad \beta_i r_i > 0, i = 2, \cdots, n$$

的特征值全为实数且互异.

证明 方法一. 作矩阵 C 的 Sturm 多项式系列.

$$P_0(x) = 1, \quad P_1(x) = \alpha_1 - \lambda,$$

$$P_k(x) = \begin{vmatrix} \alpha_1 - \lambda & r_2 & & \\ \beta_2 & \alpha_2 - \lambda & \ddots & \\ & \ddots & \ddots & r_k \\ & & \beta_k & \alpha_k - \lambda \end{vmatrix},$$

有递推关系

$$P_k(\lambda) = (\alpha_k - \lambda)\ P_{k-1}(\lambda) - r_k\beta_k P_{k-2}(\lambda), \quad k = 2,\ 3, \cdots,\ n.$$

由于 $r_k\beta_k > 0$, 令 $\eta_k = \sqrt{r_k\beta_k}$, 则有

$$P_k(\lambda) = (\alpha_k - \lambda)\, P_{k-1}(\lambda) - \eta_k^2 P_{k-2}(\lambda), \quad k = 2,\ 3,\ \cdots,\ n,$$

即矩阵 C 的 Sturm 系列和矩阵 $\bar{C}$：

$$\bar{C}=\begin{bmatrix}\alpha_1 & \eta_2 & & 0\\ \eta_2 & \ddots & \ddots & \eta_n\\ 0 & \ddots & \eta_n & \alpha_n\end{bmatrix},\quad \eta_i>0$$

的 Sturm 系列相同, 因此 C 和 $\bar{C}$ 有相同的特征值, 即 C 的特征值是实的且互异.

方法二. 求矩阵

$$D=\begin{bmatrix}d_1 & & & 0\\ & d_2 & & \\ & & \ddots & \\ 0 & & & d_n\end{bmatrix},\quad d_i>0,$$

使得 $B=D^{-1}CD$ 为对称三对角矩阵, 有

$$B=\begin{bmatrix}\dfrac{1}{d_1} & & & \\ & \dfrac{1}{d_2} & & \\ & & \ddots & \\ & & & \dfrac{1}{d_n}\end{bmatrix}\begin{bmatrix}\alpha_1 & r_2 & & 0\\ \beta_2 & \alpha_2 & \ddots & \\ & \ddots & \ddots & r_n\\ 0 & & r_n & \alpha_n\end{bmatrix}\begin{bmatrix}d_1 & & & \\ & d_2 & & \\ & & \ddots & \\ & & & d_n\end{bmatrix}$$

$$=\begin{bmatrix}\alpha_1 & e_2 & & \\ f_2 & \alpha_2 & \ddots & \\ & \ddots & \ddots & e_n\\ & & f_n & \alpha_n\end{bmatrix},$$

其中

$$e_i=\frac{d_i r_i}{d_{i-1}},\quad f_i=\frac{d_{i-1}\cdot\beta_i}{d_i}.$$

若 $e_i=f_i,\ i=2,\cdots,n$, 则 $B=B^{\mathrm{T}}$, 即

$$d_i^2 r_i=d_{i-1}^2\beta_i.$$

故

$$d_i=d_{i-1}\cdot\left(\frac{\beta_i}{r_i}\right)^{1/2},\quad i=2,\ 3,\cdots,\ n.$$

不妨令 $d_1 = 1$, 此时, B 为对称三对角矩阵, 特征值是实的且互异, B 的特征值即为 C 的特征值. □

6.15　设 $x = (x_1, \cdots, x_n)^{\mathrm{T}}$ 是不可约对称三对角矩阵

$$T = \begin{bmatrix} \alpha_1 & \beta_2 & & \\ \beta_2 & \ddots & \ddots & \\ & \ddots & \ddots & \beta_n \\ & & \beta_n & \alpha_n \end{bmatrix} \in \mathbb{R}^{n\times n}$$

对应于特征值 λ 的特征向量. 证明:

(1) $x_1 x_n \neq 0$;

(2) 若取 $x_1 = 1$, 则

$$\beta_2 \cdots \beta_i x_i = (-1)^{i-1} P_{i-1}(\lambda), \quad i = 2, 3, \cdots, n,$$

其中 $P_i(\lambda)$ 由 (6.64) 定义.

证明　因为 $Tx = \lambda x$, 记 $x^{\mathrm{T}} = (x_1,\ x_2, \cdots,\ x_n)^{\mathrm{T}}$.

于是

$$\begin{bmatrix} \alpha_1 & \beta_2 & & \\ \beta_2 & \ddots & \ddots & \\ & \ddots & \ddots & \beta_n \\ & & \beta_{nn} & \alpha_{nn} \end{bmatrix} \begin{bmatrix} x_1 \\ x_2 \\ \vdots \\ x_n \end{bmatrix} = \lambda \begin{bmatrix} x_1 \\ x_2 \\ \vdots \\ x_n \end{bmatrix},$$

$$\begin{bmatrix} \alpha_1 - \lambda & \beta_2 & & \\ \beta_2 & \alpha_2 - \lambda & \ddots & \\ & \ddots & \ddots & \beta_n \\ & & \beta_n & \alpha_n - \lambda \end{bmatrix} \begin{bmatrix} x_1 \\ x_2 \\ \vdots \\ x_n \end{bmatrix} = 0.$$

(1) $x_1 \cdot x_n \neq 0$.

事实上, x 的分量 $\{x_i\}$ 适合如下递推关系:

$$\begin{cases} x_2 = \dfrac{1}{\beta_2}(\lambda - \alpha_1)\, x_1, \\ \cdots\cdots \\ x_{k+1} = \dfrac{1}{\beta_{k+1}}(\lambda - \alpha_k)\, x_k - \dfrac{\beta_k}{\beta_{k+1}} x_{k-1}, \quad k = 2,\ \cdots,\ n-1, \\ \cdots\cdots \\ (\alpha_n - \lambda)\, x_n = \beta_{n-1} x_{n-1}. \end{cases} \tag{1}$$

若 $x_1=0$, 则由 (1) 可得

$$x_2=x_3=\cdots=x_n=0.$$

同样若 $x_n=0$, 则由 (1) 可得

$$x_{n-1}=\cdots=x_1=0,$$

即此时 x 为零向量, 矛盾在于 x 为 T 的特征向量.

(2) 取 $x_1=1$, 则

$$\beta_2x_2=P_1(\lambda).$$

关系式

$$\beta_2\cdots\beta_ix_i=(-1)^{i-1}P_{i-1}(\lambda),\quad i=2,\cdots,n.$$

当 $i=2$ 时成立, 现设

$$\beta_2\cdots\beta_{i-1}x_{i-1}=(-1)^{i-2}P_{i-2}(\lambda),$$
$$\beta_2\cdots\beta_ix_i=(-1)^{i-1}P_{i-1}(\lambda).$$

由递推关系式 (1), 有

$$\begin{aligned}\beta_{i+1}x_{i+1}&=(\lambda-\alpha_i)\,x_i-\beta_ix_{i-1}\\&=(\lambda-\alpha_i)\,\frac{(-1)^{i-1}P_{i-1}(\lambda)}{\beta_2\cdots\beta_{i-1}\beta_i}-\frac{\beta_i}{\beta_2\cdots\beta_{i-1}}\,(-1)^{i-2}\,P_{i-2}(\lambda).\end{aligned}$$

故

$$\beta_2\beta_3\cdots\beta_{i+1}x_{i+1}=(-1)^{i-1}\left[(\lambda-\alpha_i)\,P_{i-1}\,(\lambda)+\beta_i^2P_{i-2}\,(\lambda)\right],$$
$$\beta_2\beta_3\cdots\beta_{i+1}x_{i+1}=(-1)^{i}\left[(\alpha_i-\lambda)\,P_{i-1}\,(\lambda)-\beta_i^2P_{i-2}\,(\lambda)\right]=(-1)^{i}\,P_i\,(\lambda).\qquad\square$$

6.16　设

$$T=\begin{bmatrix}-2&1&0&0\\1&-2&1&0\\0&1&-2&1\\0&0&1&-2\end{bmatrix}.$$

问: (1) 矩阵 T 是否负定? (2) 矩阵 T 在区间 $[-2, 0]$ 内有多少特征值?

解 设

$$T=\begin{bmatrix} -2 & 1 & 0 & 0 \\ 1 & -2 & 1 & 0 \\ 0 & 1 & -2 & 1 \\ 0 & 0 & 1 & -2 \end{bmatrix}.$$

作 Sturm 多项式序列

$$\begin{cases} P_0(\lambda)=1, \\ P_1(\lambda)=-2-\lambda, \\ P_k(\lambda)=(-2-\lambda)P_{k-1}(\lambda)-P_{k-2}(\lambda), \quad k=2,\ 3,\ 4. \end{cases}$$

(1) 求同号数 $S(0)$, 此时

$$P_0(0)=1, \quad P_1(0)=-2, \quad P_2(0)=4,$$

$$P_3(0)=(-2)\,(-4)-(-2)=-6,$$

$$P_4(0)=(-2)\,(-6)-4=8.$$

故 $S(0)=0$. 矩阵 T 于 $[0,+\infty)$ 上无特征根, 因而 T 的特征值均小于 0, T 负定.

(2) 求 $[-2,\ 0]$ 内 T 有多少特征值.

先计算 $S(-2)$, 此时

$$\begin{cases} P_0(-2)=1, \quad P_1(-2)=0, \\ P_2(-2)=-1, \quad P_3(-2)=0, \\ P_4(-2)=1, \end{cases}$$

$$S(-2)=2.$$

又 $\lambda=0$ 不是 T 的特征值, 故在 $[-2,\ 0]$ 内有 T 的两个特征值. □

6.17 (略)

6.18 设 $A=\begin{bmatrix} a & b \\ \varepsilon & c \end{bmatrix}$. 对 A 作一次带位移 c 的 QR 方法, 从而说明当 a 与 c 不很接近时, $a_{21}^{(2)}=O(\varepsilon^2)$, 又当 A 为对称矩阵时 $(b=\varepsilon)$, $a_{21}^{(2)}=O(\varepsilon^3)$.

解

$$A_1=A=\begin{bmatrix} a & b \\ \varepsilon & c \end{bmatrix}, \quad a>c,$$

$$A_1-cI=\begin{bmatrix} a-c & b \\ \varepsilon & 0 \end{bmatrix}.$$

现作 $A_1 - cI$ 的 QR 分解, 得 $A_1 - cI = Q_1R_1$, 其中 $Q_1 = H$.

$$H = I - 2\,\frac{ww^{\mathrm{T}}}{\|w\|_2^2}, \quad w = (x + \alpha_1 e_1), \quad \alpha_1 = \left[(a-c)^2 + \varepsilon^2\right]^{1/2},$$

$$x = (a-c,\ \varepsilon)^{\mathrm{T}}, \quad \|w\|_2^2 = \left\{(a-c)\ \left[(a-c)^2 + \varepsilon^2\right]^{1/2}\right\}^2 + \varepsilon^2,$$

$$R_1 = \begin{bmatrix} -\alpha_1 e_1 & r_1 \\ 0 & r_2 \end{bmatrix},$$

其中

$$\begin{bmatrix} r_1 \\ r_2 \end{bmatrix} = \begin{bmatrix} 1 & 0 \\ 0 & 1 \end{bmatrix} \begin{bmatrix} b \\ 0 \end{bmatrix} - 2\frac{ww^{\mathrm{T}}}{\|w\|_2^2}\begin{bmatrix} b \\ 0 \end{bmatrix}$$

$$= \begin{bmatrix} b \\ 0 \end{bmatrix} - 2\frac{b\left\{(a-c) + \left[(a-c)^2 + \varepsilon^2\right]^{1/2}\right\}}{\|x + \alpha_1 e_1\|_2^2}(x + \alpha_1 e_1).$$

又

$$A_2 = R_1 \cdot Q_1 + cI = \begin{bmatrix} -\alpha_1 e_1 & r_1 \\ 0 & r_2 \end{bmatrix} \cdot H + cI.$$

若记

$$H = \begin{bmatrix} 1 & 0 \\ 0 & 1 \end{bmatrix} - \frac{2}{\|w\|_2^2}\begin{bmatrix} h_{11} & h_{12} \\ h_{21} & h_{22} \end{bmatrix}, \quad A_2 = \begin{bmatrix} a_{11}^{(2)} & a_{12}^{(2)} \\ a_{21}^{(2)} & a_{22}^{(2)} \end{bmatrix},$$

则

$$a_{22}^{(2)} = -r_2 \times \frac{2}{\|w\|_2^2} h_{21}.$$

而

$$r_2 = -\frac{2b\left[(a-c) + ((a-c)^2 + \varepsilon^2)^{1/2}\right]}{\|w\|_2^2} \cdot \varepsilon,$$

$$h_{21} = \frac{2}{\|w\|_2^2}\left[(a-c) + \left((a-c)^2 + \varepsilon^2\right)^{1/2}\right] \cdot \varepsilon.$$

故 $a_{22}^{(2)} = O(\varepsilon^2)$.

此外若 A 对称, 即 $b = \varepsilon$, 此时 $a_{22}^{(2)} = O(\varepsilon^3)$. □

6.19　验证对矩阵

$$A = \begin{bmatrix} 0 & 0 & 0 & 1 \\ 1 & 0 & 0 & 0 \\ 0 & 1 & 0 & 0 \\ 0 & 0 & 1 & 0 \end{bmatrix}$$

使用基本 QR 方法不收敛.

证明　容易验证, 矩阵 A 为一正交矩阵, 故 $A=Q_1R_1$, 此时 $Q_1=A_1$, $R_1=I$. 于是 $A_2=R_1Q_1=A$, 并且对一切迭代阵, $A_k=A$. 可见当 $k\to+\alpha$ 时 $\{A_k\}$ 不收敛于对角阵. □

6.20　设 A 是实对称矩阵, 若 Rayleigh 商

$$R(x)=x^{\mathrm{T}}Ax/x^{\mathrm{T}}x$$

的梯度 $\nabla R(x)$ 对某个向量 z 为零, 则 z 必是 A 的特征向量.

解

$$R(x)=\frac{x^{\mathrm{T}}Ax}{x^{\mathrm{T}}x}=\frac{\sum_{i=1}^{n}\sum_{j=1}^{n}a_{ij}x_ix_j}{\sum_{j=1}^{n}x_j^2},\quad \nabla R(x)=\begin{bmatrix}\dfrac{\partial R}{\partial x_1}(x)\\ \vdots\\ \dfrac{\partial R}{\partial x_n}(x)\end{bmatrix},$$

$$\frac{\partial R}{\partial x_i}(x)=\frac{2}{(x^{\mathrm{T}}x)^2}\left[\sum_{j=1}^{n}a_{ij}x_j-x_i\right],\quad i=1,\ 2,\cdots,\ n.$$

故若有 Z, 使得 $\nabla R(Z)=0$, 则有 $AZ=Z$, 即 Z 为 A 关于特征值 1 的特征向量. □

第 7 章　非线性方程的数值解法

7.1　验证方程 $x^3-x-1=0$ 在 $[1,2]$ 内有唯一的根. 用二分法求此根, 误差不超过 10^{-2}. 若要误差不超过 10^{-3} 或 10^{-4}, 问要作多少次二分?

解　(1) 记 $f(x)=x^3-x-1$, 在区间 $[1,2]$ 上 $f(1)\cdot f(2)=-5<0$, 这说明 $f(x)$ 在 $[1,2]$ 上至少有一个根, 又因当 $x\in[1,2]$ 时, $f'(x)=3x^2-1>0$, $f(x)$ 在 $[1,2]$ 上单调增加, 从而 $f(x)$ 在 $[1,2]$ 上有唯一根.

(2) 二分法求 $f(x)=0$ 在 $[1,2]$ 上根的情况如表 7.1 所示, 误差不超过 10^{-2}.

表 7.1　习题 7.1 的数值结果

n	有根区间	x_n	$f(x_n)$
1	[1,2]	1.5	0.875000
2	[1,1.5]	1.25	−0.296875
3	[1.25,1.5]	1.375	0.224609
4	[1.25,1.375]	1.3125	−0.051514
5	[1.3125,1.375]	1.34375	0.082611
6	[1.3125,1.328125]	1.328125	0.014576
7	[1.3125,1.328125]	1.3203125	−0.018711
8	[1.3203125,1.328125]1.32	1.32421875	−0.002428

(3) 由误差估计式有

$$|x_n-x^*|\leqslant\frac{2-1}{2^n}=\frac{1}{2^n}.$$

令 $1/2^n\leqslant10^{-3}$, 求得 $n\geqslant3\cdot\log_2 10\approx9.9658$, 于是取最少迭代次数 10, 同理当 $1/2^n\leqslant10^{-4}$ 时, 求得最少迭代次数是 14. □

7.2　用二分法求超越方程 $f(x)=\sin x-x/2=0$ 的唯一的正根 x^*, 要求 $|x_k-x^*|\leqslant10^{-4}$ 或者 $|f(x_k)|\leqslant10^{-4}$. 并且估计最多需要的迭代次数.

解　由 $f(\pi/2)=1-\pi/4>0$, $f(\pi)=-\pi/2<0$ 知 $f(x)$ 的唯一正根位于区间 $[\pi/2,\pi]$ 内, 解不等式 $|x_n-x^*|\leqslant1/2^n(\pi-\pi/2)<10^{-4}$ 得最少迭代次数 14.

求根过程如表 7.2 所示.

表 7.2　习题 7.2 的数值结果

n	$\|b_n-a_n\|$	x_n	$f(x_n)$
1	1.57079633	1.96349541	−0.05786817
2	0.78539816	1.76714587	0.09721235
3	0.39269908	1.86532064	0.02428002
4	0.19634954	1.91440802	−0.01565995
5	0.09817477	1.88986433	−0.00546076
6	0.04908739	1.90213618	−0.00546076
7	0.02454369	1.89600025	-4.14536×10^{-4}
8	0.01227185	1.89293229	0.00209520
9	0.00613592	1.89446627	8.4145×10^{-4}
10	0.00306796	1.89523326	2.1374×10^{-4}
11	0.00153398	1.89561676	-1.0033×10^{-4}
12	7.6699×10^{-4}	1.89542501	5.6720×10^{-5}

□

7.3　举出一个方程, 它有偶次重实根, 但不能用二分法求出这个重实根.

解　方程 $f(x)=(x-1)^2(x-2)=0$ 在 $[0,3]$ 内有重根, 由 $f(0)=-2<0, f(1.5)=-0.125<0, f(3)=4>0$ 知 $f(1.5)\cdot f(3)<0$, 因此二分法在求根时将忽视区间 $[0,1.5]$ 从而求不出重根 $x=1$. □

7.4　设连续函数 $f(x)$ 在 $[a,b]$ 内只有唯一实根. 如果把区间逐次三等分, 类似于二分法, 能得出什么结论? 试将此法与二分法比较一下优劣.

解　三等分法的误差估计公式是

$$|x_n-x^*|\leqslant\frac{b-a}{3^n}.$$

三等分法在每次迭代中要计算二次函数值, 最多要进行二次乘法运算, 比二分法多计算一次函数值, 多进行一次乘法运算. 在相同精度下, 三等分法比二分法需要的迭代次数略少些. □

7.5　用二分法计算下列方程的根, 误差不超过 10^{-2}:

(1) $x=\tan x$, 在 $[4,4.5]$;

(2) $x-2^{-x}=0$, 在 $[0,1]$;

(3) $x^3-25=0$, 在 $[2.5,3]$.

解　(1) $x_6 \approx 4.49218750$;　(2) $x_7 \approx 0.64843750$;　(3) $x_6 \approx 2.92968750$.　□

7.6　为求方程 $x^3 - x^2 - 1 = 0$ 在 $x_0 = 1.5$ 附近的一个根, 现将方程改为下列的等价形式, 且建立相应的迭代公式:

(1) $x = 1 + \dfrac{1}{x_k^2}$, 迭代公式为 $x_{k+1} = 1 + \dfrac{1}{x_k^2}$;

(2) $x^3 = 1 + x^2$, 迭代公式为 $x_{k+1} = (1 + x_k^2)^{1/3}$;

(3) $x^2 = \dfrac{1}{x-1}$, 迭代公式为 $x_{k+1} = \dfrac{1}{(x_k - 1)^{1/2}}$.

试分析每一种迭代公式的收敛性, 任选一种收敛的迭代公式计算 1.5 附近的根, 要求 $|x_{k+1} - x_k| < 10^{-5}$.

解　取 $x_0 = 1.5$ 的邻域 [1.3, 1.6] 来考查

(1) $\varphi(x) = 1 + 1/x^2, |\varphi'(x)| = \left|-2/x^3\right| < 2/1.3^3 = 0.901 < 1$, 故迭代公式 (1) 收敛.

(2) $\varphi(x) = (1 + x^2)^{1/3}, |\varphi'(x)| = \left|\dfrac{2x}{3(1+x^2)^{2/3}}\right| < \dfrac{2 \times 1.6}{3(1+1.3^2)}^{2/3} \approx 0.5515$, 故迭代公式 (2) 也收敛.

(3) $\varphi'(x) = \dfrac{1}{\sqrt{x-1}}, |\varphi'(x)| = \left|\dfrac{-1}{2(x-1)^{3/2}}\right| > \dfrac{1}{2(1.6-1)^{3/2}} = 1.0758287 > 1$, 故迭代公式 (3) 发散. 由于 $|\varphi'(x_0)|$ 越小, 越快地收敛于根 α, 故 (2) 式收敛最快.　□

7.7　对下列方程, 试确定迭代函数 $\varphi(x)$ 及区间 $[a,b]$, 使对 $\forall x_0 \in [a,b]$, 不动点迭代 $x_{k+1} = \varphi(x_k)(k = 0,1,2,\cdots)$ 收敛到方程的正根, 并求该正根, 使得 $|x_{k+1} - x_k| < 10^{-6}$.

(1) $3x^2 - \mathrm{e}^x = 0$; (2) $x = \cos x$.

解　(1) 显然方程在 $[0,1]$ 上有正根, 令 $\varphi(x) = (\sqrt{3}/3)\mathrm{e}^{1/2x}$, 因对 $\forall x \in [0,1]$, $|\varphi'(x)| < \sqrt{3}/3 < 1$, 故由不动点定理知迭代 $x_{k+1} = \varphi(x_k)$ 收敛到方程的正根.

实验结果显示, 经过 16 次迭代后得到满足误差要求的近似解 $x_{16} \approx 0.91000641$.

(2) 方程在 $[0,1]$ 上显然有正根. 令 $\varphi(x) = \cos x$, 因对 $\forall x \in [0,1]$, $|\varphi'(x)| < \sin 1 < 1$, 故由不动点定理知迭代收敛到方程的正根.

实验结果显示, 经过 33 次迭代后得到满足误差要求的近似解 $x_{33} \approx 0.73908559$.

□

7.8　试用逐次代换法求方程 $2x - 7 - \lg x = x$ 的最大正根 x^*, 要求 $|x_{k+1} - x_k| < 10^{-3}$.

解　方程的最大正根在区间 $[7,8]$ 内, 令 $\varphi(x) = 7 + \lg x$, 因当 $x \in [7,8]$ 时, $|\varphi'| < 1/7\ln 10 < 1$, 故由不动点定理知迭代 $x_{k+1} = \varphi(x_k)$ 收敛到方程的最大正根.

实验结果显示, 经过三次迭代后得到满足误差要求的近似解 $x_3 \approx 7.89742111$.□

7.9 应用定理证明: 方程 $x = 2^{-x}$ 在区间 $[1/3, 1]$ 上有一实根. 取初始值 $x_0 = 0.5$, 试用逐次代换法求其精度不超过 10^{-3} 的近似解, 并估计要达到这个精度所需要的迭代次数.

证明 令 $\varphi(x) = 2^{-x}$, 则对 $\forall x \in [1/3, 1]$, 有

$$|\varphi'(x)| = 2^{-x}\ln 2 < 2^{-1/3}\ln 2 < \ln 2 < 1. \tag{1}$$

由不动点定理知 $x = 2^{-x}$ 在 $[1/3, 1]$ 上有一个不动点, 即存在一个实根. 再由 $f'(x) = (x - 2^{-x})' = 1 + 2^{-x}\ln 2 > 0$ 知方程只有唯一的实根.

取初始值 $x_0 = 0.5$, 使用 $x_{k+1} = 2^{-x_k}$ 经 7 次迭代后得到满足精度的解 $x_7 \approx 0.64168581$.

由定理 7.3 中的误差估计公式有

$$|x_n - x^*| \leqslant \frac{L^k}{1-L}|x_1 - x_0|.$$

根据式 (1) 可取 $L = 2^{-1/3}\ln 2$, 同时因 $x_1 \in [1/3, 1]$, $x_0 = 0.5$, 故 $|x_1 - x_0| \leqslant 1/2$, 从而要求 k 使之满足

$$\frac{\left(2^{-1/3}\ln 2\right)^k}{1 - 2^{-1/3}\ln 2} \cdot \frac{1}{2} < 10^{-3},$$

解之可得最小的 k 为 13. □

7.10 证明方程 $f(x) = x^3 - 6x - 12 = 0$ 在区间 $[2, 5]$ 内有唯一实根 p, 并对任意的初始值 $x_0 \in [2, 5]$, Newton 序列都收敛于 p.

解 因 $f(x)$ 在 $[2, 5]$ 上满足定理 7.7 的所有条件

(1) $f(2) \cdot f(5) = -1328 < 0$.

(2) 对 $\forall x \in [2, 5], f'(x) = 3x^2 - 6 > 0, f''(x) = 6x > 0$.

(3) $\left|\dfrac{f(2)}{f'(2)}\right| = \dfrac{4}{3} < 3, \quad \left|\dfrac{f(5)}{f'(5)}\right| = \dfrac{83}{75} < 3$.

故由定理 7.7 知结论成立. □

7.11 应用 Newton 法求方程 $x^2 - 3x - e^x + 2 = 0$ 的一个近似解, 取初始值 $x_0 = 1$, 要求近似解精确到小数后第八位.

解 $x_8 \approx 0.257530287$. □

7.12 应用 Newton 法计算 $\sqrt{7}$, 取初始值 $x_0 = 7$, 要求误差不超过 10^{-8}.

解　$x_4 \approx 2.645767044$. □

7.13　对非零实数 α, Newton 法给出了一个不用除法运算求 $1/\alpha$ 的计算程序: $x_{n+1}=x_n(2-\alpha x_n)$. 取初始值 $x_0=0.01$, 应用该程序求 1/7, 要求误差不超过 10^{-8}.

解　$x_3 \approx 0.14284777$. □

7.14　对 $f(x)=0$ 的 Newton 法, 证明:

$$\lim_{n\to\infty}\frac{x_n-x_{n-1}}{(x_{n-1}-x_{n-2})^2}=-\frac{f''(x^*)}{2f'(x^*)}.$$

证明　设 $f(x)=0$ 的最优解是 x, $f(x)$ 具有二阶或二阶以上的连续导数, $f'(x)\neq 0$, 用 Newton 法得到的迭代序列 $\{x_k\}$ 收敛到 x^*.

由 Newton 法有

$$x_{n-1}-x_{n-2}=-\frac{f(x_{n-2})}{f'(x_{n-2})},$$

$$x_n-x_{n-1}=-\frac{f\left(x_{n-2}-\dfrac{f(x_{n-2})}{f'(x_{n-2})}\right)}{f'\left(x_{n-2}-\dfrac{f(x_{n-2})}{f'(x_{n-2})}\right)}.$$

由 Taylor 公式有

$$\begin{aligned}&f\left(x_{n-2}-\frac{f(x_{n-2})}{f'(x_{n-2})}\right)\\ =&f(x_{n-2})-\frac{f(x_{n-2})}{f'(x_{n-2})}\cdot f'(x_{n-2})\\ &+\frac{1}{2}\left(\frac{f(x_{n-2})}{f'(x_{n-2})}\right)^2 f''(x_{n-2})+o\left(\left(\frac{f(x_{n-2})}{f'(x_{n-2})}\right)^2\right)\\ =&\frac{1}{2}\left(\frac{f(x_{n-2})}{f'(x_{n-2})}\right)^2 f''(x_{n-2})+o\left(\left(\frac{f(x_{n-2})}{f'(x_{n-2})}\right)^2\right).\end{aligned}$$

于是

$$\lim_{n\to\infty}\frac{x_n-x_{n-1}}{(x_{n-1}-x_{n-2})^2}=\lim_{n\to\infty}-\frac{f\left(x_{n-2}-\dfrac{f(x_{n-2})}{f'(x_{n-2})}\right)}{f'\left(x_{n-2}-\dfrac{f(x_{n-2})}{f'(x_{n-2})}\right)}\cdot\left(\frac{f'(x_{n-2})}{f(x_{n-2})}\right)^2$$

$$= \lim_{n\to\infty}\left(-\frac{1}{2}f''(x_{n-2})+\frac{o\left(\left(\dfrac{f(x_{n-2})}{f'(x_{n-2})}\right)^2\right)}{\left(\dfrac{f(x_{n-2})}{f'(x_{n-2})}\right)^2}\right)$$

$$\cdot\frac{1}{\lim\limits_{n\to\infty} f'\left(x_{n-2}-\dfrac{f(x_{n-2})}{f'(x_{n-2})}\right)}$$

$$= -\frac{f''(x^*)}{2f'(x^*)}.$$ □

7.15 用 Newton 下山法求方程 $x^3+4x^2-10=0$ 在 $[0,2]$ 内的根. 取初始值 $x_0=0.1$, 并且与 Newton 法进行比较.

解 两种方法的初始值都取为 0.5.

Newton 法的结果如表 7.3 所示.

表 7.3 Newton 法的结果

n	x	$f(x)$
0	0.50000000000000	-8.87500000000000
1	2.36842105263158	25.72313748359819
2	1.64940807302810	5.369480136099482
3	1.39799149390651	0.5497277874139
4	1.36574385818413	0.00848746144346
5	1.36523014280914	$2.136752073056414\times10^{-6}$
6	1.36523001341411	$1.350031197944190\times10^{-13}$

Newton 下山法的结果 (初始值为 0.1 时 Newton 下山法无效) 如表 7.4 所示.

表 7.4 Newton 下山法的结果

n	λ	x	$f(x)$
0	1	0.50000000000000	−8.87500000000000
1	2^{-4}	1.43381968486516	1.17105782236648
2	1	1.36742593843136	0.03630123485886
3	1	1.36523237363956	$3.897539000519146\times10^{-5}$
4	1	1.36523001341683	$4.510170015237236\times10^{-11}$

□

7.16　给定非线性方程组

$$\begin{cases} x_1 = 0.75\sin x_1 + 0.2\cos x_2 = g_1(x_1, x_2), \\ x_2 = 0.70\cos x_1 + 0.2\sin x_2 = g_2(x_1, x_2). \end{cases}$$

(1) 应用压缩映射原理证明 $G = \begin{bmatrix} g_1 \\ g_2 \end{bmatrix}$ 在 $D = \{(x_1, x_2) | 0 \leqslant x_1, x_2 \leqslant 1.0\}$ 中有唯一的不动点;

(2) 用不动点迭代方法求方程组的解, 当 $\left\| x^{(k+1)} - x^{(k)} \right\|_2 < \dfrac{1}{2} \times 10^{-3}$ 时停止迭代.

解　(1) 将方程组记为不动点形式 $x = G(x)$, 其中

$$x = \begin{bmatrix} x_1 \\ x_2 \end{bmatrix}, \quad G(x) = \begin{bmatrix} g_1 \\ g_2 \end{bmatrix} = \begin{bmatrix} 0.75\sin x_1 + 0.2\cos x_2 \\ 0.70\cos x_1 + 0.2\sin x_2 \end{bmatrix}.$$

不难验证, 当 $x \in D$ 时,

$$0 < 0.2\cos 1 \leqslant g_1(x) \leqslant 0.2 + 0.75\sin 1 < 1,$$

$$0 < 0.2\sin 1 \leqslant g_2(x) \leqslant 0.70 + 0.2\sin 1 < 1.$$

故有 $G(D) \subset D$, 又对 $\forall x, y \in D$ 有

$$\begin{aligned} |g_1(y) - g_1(x)| &= |0.75\sin y_1 + 0.2\cos y_2 - 0.75\sin x_1 - 0.2\cos x_2| \\ &\leqslant 0.75\left|\sin y_1 - \sin x_1\right| + 0.2\left|\cos y_2 - \cos x_2\right| \\ &\leqslant 0.75\left|y_1 - x_1\right| + 0.2\left|y_2 - x_2\right|. \end{aligned}$$

同理可得

$$|g_2(y) - g_2(x)| \leqslant 0.70\left|y_1 - x_1\right| + 0.2\left|y_2 - x_2\right|.$$

于是有

$$\left\| G(y) - G(x) \right\|_1 \leqslant 0.75\left\| y - x \right\|_1, \quad \forall x, y \in D,$$

即 $G(x)$ 满足压缩条件, 根据压缩映射原理, $G(x)$ 在 D 内存在唯一不动点 x^*.

(2) 取 $x^{(0)} = (0, 0)^{\mathrm{T}}$, 由 $x^{(k+1)} = G(x^{(k)})(k = 0, 1, 2, \cdots)$ 经有限次迭代, 其结果列于表 7.5. 表中最终结果满足 $\left\| x^{(k+1)} - x^{(k)} \right\|_2 \leqslant 0.5 \times 10^{-3}$. □

表 7.5　习题 7.16 的数值结果

n	x_1	x_2
0	0	0
1	0.20000000000000	0.70000000000000
2	0.30197043555319	0.81489014193641
3	0.36024121271686	0.81385668117198
4	0.40171497340572	0.80045646777672
5	0.43252386035084	0.78780906648681
6	0.45545267355834	0.77729941056381
7	0.47246370828935	0.76891479650262
8	0.48504424367217	0.76238601258899
9	0.49432365995452	0.75738781508756
10	0.50115391363066	0.75360799226155
11	0.50617335814341	0.75077498254883
12	0.50985757831594	0.74866545516507
13	0.51255928704585	0.74710215441582
14	0.51453915260245	0.74594770148375
15	0.51598930495515	0.74509735925204
16	0.51705107299162	0.74447219549593
17	0.51782826155499	0.74401321389115
18	0.51839702997998	0.74367657940255
19	0.51881320900558	0.74342986116644

7.17　利用非线性方程组的 Newton 迭代方法,

(1) 解方程组

$$\begin{cases} x_1^2 + x_2^2 - 4 = 0, \\ x_1^2 - x_2^2 - 1 = 0. \end{cases}$$

分别取 $x^{(0)} = (1.6, 1.2), (-1.6, 1.2), (-1.6, -1.2), (1.6, -1.2)$. 要求迭代到 $\|x^{(k+1)} - x^{(k)}\|_2 < \dfrac{1}{2} \times 10^{-5}$.

(2) 解方程组

$$\begin{cases} 3x_1^2 - x_2^2 = 0, \\ 3x_1 x_2^2 - x_1^3 - 1 = 0. \end{cases}$$

分别取

$$x^{(0)} = (0.8, 0.4), (-0.8, 0.4), (-0.8, -0.4), (0.8, -0.4).$$

要求迭代到 $\left\|x^{(k+1)} - x^{(k)}\right\|_2 < \dfrac{1}{2} \times 10^{-5}$ 为止.

解　(1) $F(x) = \begin{bmatrix} x_1^2 + x_2^2 - 4 \\ x_1^2 - x_2^2 - 1 \end{bmatrix}$; $G(x) = \begin{bmatrix} 2x_1 & 2x_2 \\ 2x_1 & -2x_2 \end{bmatrix}$. 分别选取初始近似

值如下：

$$x^{(0)}=(1.6,1.2)^{\mathrm{T}},(-1.6,1.2)^{\mathrm{T}},(-1.6,-1.2)^{\mathrm{T}},(1.6,-1.2)^{\mathrm{T}},$$

按以下 Newton 法进行迭代

$$x^{(k+1)}=x^{(k)}-J^{-1}(x^{(k)})F(x^{(k)}).$$

达到精度 $\left\|x^{(k+1)}-x^{(k)}\right\|_2<0.5\times10^{-5}$ 时近似解结果见表 7.6. 表中最终的结果满足 $\left\|x^{(k+1)}-x^{(k)}\right\|_2<0.5\times10^{-5}$.

(2) $F(x)=\begin{bmatrix}3x_1^2-x_2^2\\3x_1x_2^2-x_1^3-1\end{bmatrix}$; $J(x)=\begin{bmatrix}6x_1&-2x_2\\3x_2^2-3x_1^2&6x_1x_2\end{bmatrix}$.

表 7.6　习题 7.17(1) 的表值结果

n	(1.6, 1.2)		(−1.6, 1.2)		(−1.6, −1.2)		(1.6, −1.2)	
	x_1	x_2	x_1	x_2	x_1	x_2	x_1	x_2
0	1.600000	1.200000	−1.600000	1.200000	−1.600000	−1.200000	1.600000	−1.200000
1	1.581250	1.225000	−1.581250	1.225000	−1.581250	−1.225000	1.581250	−1.225000
2	1.581139	1.224745	−1.581139	1.224745	−1.581139	−1.224745	1.581139	−1.224745
3	1.581139	1.224745	−1.581139	1.224745	−1.581139	−1.224745	1.581139	−1.224745

在题中所给 4 个初值下的近似解见表 7.7.

表 7.7　习题 7.17(2) 的数值结果

n	(0.8,0.4)		(−0.8,0.4)		(−0.8,−0.4)		(0.8,−0.4)	
	x_1	x_2	x_1	x_2	x_1	x_2	x_1	x_2
0	0.800000	0.400000	−0.800000	0.400000	−0.800000	−0.400000	0.800000	−0.400000
1	0.492857	0.757143	−0.294444	−0.433333	−0.294444	0.433333	0.492857	−0.757143
2	0.500734	0.875187	0.351667	0.800301	0.351667	−0.800301	0.500734	−0.875187
3	0.500006	0.866083	0.524334	0.859564	0.524334	−0.859564	0.500006	−0.86608
4	0.500000	0.866025	0.500168	0.865323	0.500168	−0.865323	0.500000	−0.866025
5	0.500000	0.866025	0.500000	0.866025	0.500000	−0.866026	0.500000	−0.866025
6			0.500000	0.866025	0.500000	−0.866025		

□

第 8 章　常微分方程数值解法

8.1　用 Euler 方法解初值问题

$$y' = ax + b, \quad y(0) = 0,$$

并证明其截断误差

$$y(x_m) - y_m = \frac{amh^2}{2}.$$

解　将 Euler 方法应用于初值问题

$$\begin{cases} y' = ax + b, \\ y(0) = 0 \end{cases}$$

得差分方程初值问题

$$\begin{cases} y_{m+1} = y_m + h(ax_m + b), \\ y_0 = y(0) = 0, \end{cases}$$

其中 $x_m = x_0 + mh = mh$, $x_0 = 0$. 由此得

$$\begin{aligned} y_1 &= y_0 + h(ax_0 + b) = hb, \\ y_2 &= y_1 + h(ax_1 + b) = hb + h(ah + b) = 2hb + ah^2, \\ y_3 &= y_2 + h(ax_2 + b) = 2hb + ah^2 + h(a \cdot 2h + b) = 3hb + 3ah^2. \end{aligned}$$

迭代得到

$$\begin{aligned} y_m &= mhb + (1 + 2 + \cdots + m - 1)ah^2 \\ &= mhb + \frac{m(m-1)}{2}ah^2, \quad m = 1,\ 2, \cdots. \end{aligned}$$

而此问题真解为

$$\begin{aligned} y(x_m) &= y(0) + \frac{1}{2}ax_m^2 + bx_m \\ &= mbh + \frac{m^2}{2}ah^2. \end{aligned}$$

于是其截断误差

$$
\begin{aligned}
y(x_m) - y_m &= mhb + \frac{m^2 2}{2}ah^2 - mhb - \frac{m(m-1)}{2}ah^2 \\
&= \frac{1}{2}amh^2.
\end{aligned}
$$

□

8.2　证明：改进的 Euler 方法是稳定的.

证明　设所考虑的初值问题

$$
\begin{cases}
y' = f(x,\ y), & a \leqslant x \leqslant b, |y| < \infty, \\
y(a) = y_0, & y_0 \in \mathbb{R},
\end{cases}
$$

其中 f 关于 y 满足 Lipschitz 条件

$$
|f(x,\ y_1) - f(x,\ y_2)| < L\,|y_1 - y_2|\,.
$$

考虑

$$
\begin{aligned}
y_{m+1} &= y_m + \frac{h}{2}[f(x_m,\ y_m) + f(x_{m+1}, y_{m+1})], \\
z_{m+1} &= z_m + \frac{h}{2}\left[f(x_m,\ z_m) + f(x_{m+1},\ z_{m+1})\right].
\end{aligned}
$$

令 $e_m = y_m - z_m$, 则有

$$
\begin{aligned}
|e_{m+1}| =& e_m + \frac{h}{2}\left[f(x_m, y_m) - f(x_m,\ z_m)\right] \\
& + \frac{h}{2}[f(x_{m+1},\ y_{m+1}) \\
& - f(x_{m+1},\ z_{m+1})] \\
\leqslant& |e_m| + \frac{h}{2}L\,|e_m| + \frac{h}{2}L\,|e_{m+1}|\,,
\end{aligned}
$$

所以

$$
\left(1 - \frac{1}{2}hL\right)|e_{m+1}| \leqslant \left(1 + \frac{1}{2}hL\right)|e_m|\,.
$$

于是, 当 $0 < h < h_0 < 2/L$ 时, 有

$$
|e_{m+1}| \leqslant \frac{1 + \frac{1}{2}hL}{1 - \frac{1}{2}hL}\,|e_m| \leqslant \cdots \leqslant \left(\frac{1 + \frac{1}{2}hL}{1 - \frac{1}{2}hL}\right)^{m+1} |e_0|\,,
$$

从而

$$
|e_m| \leqslant \left(\frac{2 + hL}{2 - hL}\right)^m |e_0|
$$

$$
\begin{aligned}
&= \left(1+\frac{2hL}{2-hL}\right)^m |e_0| \\
&\leqslant \mathrm{e}^{\frac{2mhL}{2-hL}}(e_0) \leqslant \mathrm{e}^{\frac{2(b-a)L}{2-h_0L}} |e_0|,
\end{aligned}
$$

其中 $mh \leqslant b-a$. 取 $c=\mathrm{e}^{\frac{2(b-a)L}{2-h_0L}}$, 则有 $|e_m|<c|e_0|$, 即改进的 Euler 方法是稳定的. □

8.3　设 ξ_j 为常系数线性差分方程

$$a_k y_{m+k}+\cdots+a_0 y_m=0$$

的特征方程的 r_j 重特征根, 试证明

$$\xi_j^m, \quad m\xi_j^m, \quad \cdots, \quad m^{r_j-1}\xi_j^m$$

为上述差分方程的 r_j 个线性无关的解.

解　差分方程 $a_k y_{m+k}+a_{k-1}y_{m+k-1}+\cdots+a_0y_m=0(a_0\neq 0)$ 的特征多项式为

$$p(\xi)=a_k\xi^k+a_{k-1}\xi^{k-1}+\cdots+a_0.$$

若 ξ_j 为 $p(\xi)=0$ 的 r_i 重根, 则易证

$$\xi_j^m, \quad m\xi_j^m, \quad \cdots, \quad m^{r_j-1}\xi_j^m$$

均为差分方程的解, 事实上,

$$
\begin{aligned}
&a_k\xi_j^{m+k}+a_{k-1}\xi_j^{m+k-1}+\cdots+a_0\xi_j^m=\xi_j^m p(\xi_j)=0,\\
&a_k(m+k)\xi_j^{m+k}+a_{k-1}(m+k-1)\xi_j^{m+k-1}+\cdots\\
&+a_1^{(m+1)}\xi_j^{m+1}+a_0m\xi_j^m\\
=&m\xi_j^m p(\xi_j)+\xi_j^{m+1}p'(\xi_j)=0,\\
&a_k(m+k)^2\xi_j^{m+k}+a_{k-1}(m+k-1)^2\xi_j^{m+k-1}+\cdots\\
&+a_1(m+1)^2\xi_j^{m+1}+a_0m^2\xi_j^m\\
=&m^2\xi_j^m p(\xi_j)+2m\xi_j^{m+1}p'(\xi_j)\\
&+\xi_j^{m+2}p''(\xi_j)+\xi_j^{m+1}p'(\xi_j)\\
=&0,
\end{aligned}
$$

依此类推可证得 $m^i\xi_j^m\,(i=1,\ 2,\ \cdots,\ r_j-1)$ 均为差分方程的解.

又显然 $\xi_j \neq 0$，考虑线性组合

$$c_1\xi_j^m + c_2 m\xi_j^m + \cdots + c_{rj} m^{r_j-1}\xi_j^m$$

并令其为零, 则当 $m = 1, 2, \cdots, r_j$ 时, 有

$$\begin{aligned}
&c_1\xi_j + c_2\xi_j + \cdots + c_{r_j}\xi_j = 0,\\
&c_1\xi_j^2 + c_2 2\xi_j^2 + \cdots + c_{r_j} 2^{r_3-1}\xi_j^2 = 0,\\
&\cdots\cdots\\
&c_1\xi_j^{r_j} + c_2 r_j \xi^{r_j} + \cdots + c_{r_j} r_j^{r_j-1}\xi_j^{r_j} = 0,
\end{aligned}$$

显然上述方程组的系数行列式不为零, 所以 $c_1 = c_2 = \cdots = c_{r_j} = 0$ 是差分方程的解, 且有 ξ_j^m, $m\xi_j^m, \cdots, m^{r_j-1}\xi_j^m$ 线性无关. □

8.4　构造形如下面形式的三阶格式:

$$\begin{aligned}
y_{m+1} =& a_0 y_m + a_1 y_{m-1} + a_2 y_{m-2}\\
&+ h(b_0 y'_m + b_1 y'_{m-1} + b_2 y'_{m-2}).
\end{aligned}$$

解　将 $y(x_m + h)$, $y(x_m - h)$, $y(x_m - 2h)$, $y'(x_m - h)$, $y'(x_m - 2h)$ 在 x_m 处 Taylor 展开, 并考虑线性组合

$$\begin{aligned}
L[y(x_m)] =& y(x_m + h) - a_0 y(x_m) - a_1 y(x_m - h)\\
&- a_2 y(x_m - 2h) - h b_0 y'(x_m)\\
&- h b_1\, y'(x_m - h) - h b_2 y'(x_m - 2h),
\end{aligned}$$

得

$$\begin{aligned}
L[y(x_m)] =& (1 - a_0 - a_1 - a_2)\, y(x_m)\\
&+ (1 + a_1 + 2a_2 - b_0 - b_1 - b_2)\, h y'(x_n)\\
&+ \left[\frac{1}{2!}\left(1 - a_1 - 2^2 a_2\right) + b_1 + 2b_2\right] h^2 y''(x_m)\\
&+ \left[\frac{1}{3!}\left(1 + a_1 + 2^3 a_2\right) + \frac{1}{2}\left(-b_1 - 2^2 b_2\right)\right] h^3 y'''(x_m)\\
&+ \left[\frac{1}{4!}\left(1 - a_1 - 2^4 a_2\right) + \frac{1}{3!}\left(b_1 + 2^3 b_2\right)\right] h^4 y^{(4)}(x_m) + O(h^5).
\end{aligned}$$

令

$$
\begin{aligned}
c_0 &= 1 - a_0 - a_1 - a_2 = 0, \\
c_1 &= 1 + a_1 + 2a_2 - b_0 - b_1 - b_2 = 0, \\
c_2 &= \frac{1}{2}(1 - a_1 - 4a_2) + b_1 + 2b_2 = 0, \\
c_3 &= \frac{1}{6}(1 + a_1 + 8a_2) + \frac{1}{2}(-b_1 - 4b_2) = 0,
\end{aligned}
$$

解得

$$
\begin{aligned}
a_1 &= -27 + 4a_0 + 12b_0, \\
a_2 &= 28 - 5a_0 - 12b_0, \\
b_1 &= 18 - 4a_0 - 8b_0, \\
b_2 &= 12 - 2a_0 - 5b_0.
\end{aligned}
$$

将此参数代入原格式中便得到三阶格式族. □

8.5　求具有最高阶的三步方法的系数.

解　一般三步方法为

$$
\sum_{j=0}^{3} \alpha_j y_{m+j} = h \sum_{j=0}^{3} \beta_j f_{m+j}.
$$

由阶条件

$$
\begin{aligned}
c_0 =& \alpha_0 + \alpha_1 + \alpha_2 + \alpha_3 = 0, \\
c_1 =& \alpha_1 + 2\alpha_2 + 3\alpha_3 - \beta_0 - \beta_1 - \beta_2 - \beta_3 = 0, \\
c_q =& \frac{1}{q!}(\alpha_1 + 2^q\alpha_2 + 3^q\alpha_3) \\
&- \frac{1}{(q-1)!}(\beta_1 + 2^{q-1}\beta_2 + 3^{q-1}\beta_3) \\
=& 0, \quad q = 2, \cdots, 7,
\end{aligned}
$$

解得

$$
\begin{aligned}
&a_1 = \frac{1998}{2695}a_0, \quad a_2 = -\frac{4671}{2695}a_0, \quad a_3 = -\frac{2}{245}a_0, \\
&b_0 = -\frac{816}{2695}a_0, \quad b_1 = -\frac{4671}{2695}a_0, \quad b_2 = -\frac{1998}{2695}a_0, \\
&b_3 = \frac{15}{539}a_0, \quad c_7 = -\frac{687}{94325}a_0.
\end{aligned}
$$

当 $a_0 \neq 0$ 时, $c_7 \neq 0$, 所以方法最高达到 6 阶. 其系数由上式给出. □

8.6　考察形如

$$\begin{cases} y_{m+1} = y_m + h(\lambda k_1 + \mu k_2), \\ k_1 = f(x_m, y_m), \\ k_2 = f(x_m + ph, y_m + qhk_1) \end{cases}$$

的差分格式, 证明:

(1) 这类格式不可能具有三阶精度;

(2) 具有二阶精度的必为二阶 Runge–Kutta 格式.

解　由一元函数的 Taylor 展开式有

$$\begin{aligned} y(x_{m+1}) =& y\left(x_m + h\right) \\ &= y(x_m) + y'(x_m)h + \frac{h^2}{2!}y''(x_m) \\ &\quad + \frac{h^3}{3!}y'''(x_m) + \frac{h^4}{4!}y^{(4)}(\xi_m). \end{aligned}$$

因为

$$\begin{aligned} &y' = f(x,\ y), \quad y'' = f_x + f_y \cdot f, \\ &y''' = f_{xx} + 2f_{xy} \cdot f + f^2 \cdot f_{yy} + f_y\left(f_x + f_y \cdot f\right), \end{aligned}$$

所以

$$\begin{aligned} y(x_{m+1}) =& y(x_m) + \left[fh + \frac{h^2}{2!}(f_x + f_y \cdot f)\right. \\ &+ \frac{h^3}{3!}((f_{xx} + 2f_{xy} \cdot f + f^2 \cdot f_{yy}) \\ &\left.\left. + f_y(f_x + f_y \cdot f))\right]\right|_{(x_m, y(x_m))} + O(h^4). \end{aligned}$$

又由二元函数的 Taylor 展开有

$$\begin{aligned} k_2 =& f\left(x_m + ph,\ y_m + qhk_1\right) \\ =& f(x_m,\ y_m) + f_x\left(x_m,\ y_m\right)ph \\ &+ f_y\left(x_m,\ y_m\right)qh \cdot f\left(x_m,\ y_m\right) \\ &+ \frac{h^2}{2}\left[p^2 f_{xx} + 2pqk_1 f_{xy} + q^2 k_1^2 f_{yy}\right] + o(h^3), \end{aligned}$$

将 $k_1 = f(x_m, y_m)$ 及 k_2 代入差方格式的右端, 得

$$
\begin{aligned}
& y_m + h(\lambda k_1 + \mu k_2) \\
= & y_m + (\lambda + \mu) hf + h^2 \mu [p f_x + q f_y \cdot f] \\
& + \frac{h^3}{2} \mu [p^2 f_{xx} + 2pqf \cdot f_{xy} + q^2 f^2 f_{yy}] + O(h^4).
\end{aligned}
$$

为了考虑局部截误差, 设 $y_m = y(x_m)$, 于是比较格式的左右两端, 得

$$
\begin{cases}
\lambda + \mu = 1, \\
\mu p = \dfrac{1}{2!}, \\
\mu q = \dfrac{1}{2!}
\end{cases} \tag{1}
$$

且 h^3 的系数不可能相等, 所以这类格式不可能具有三阶精度, 而参数满足 (1) 的格式正好就是二阶 Runge–Kutta 格式. □

8.7 选取参数 p, q, 使求积公式

$$
\begin{cases}
y_{m+1} = y_m + hk_1, \\
k_1 = f(x_m + ph, y_m + qhk_1)
\end{cases}
$$

具有二阶精度.

解 由一元函数 Taylor 公式, 并注意到 $y' = f(x, y)$ 得

$$
\begin{aligned}
y(x_{m+1}) = & y(x_m + h) \\
= & y(x_m) + hf(x_m, y(x_m)) + \frac{h^2}{2!}[f_x(x_m, y(x_m)) \\
& + f_y(x_m, y(x_m)) f(x_m, y(x_m))] + \frac{y''(\xi_n)}{3!} h^3.
\end{aligned}
$$

又由二元函数 Taylor 展开式, 得

$$
\begin{aligned}
k_1 = & f(x_m + ph, y_m + qhk_1) \\
= & f(x_m, y_m) + h[p f_x(x_m, y_m) \\
& + qk_1 f_y(x_m, y_m)] + O(h^2),
\end{aligned}
$$

所以

$$
k_1 = f(x_m, y_m) + hp f_x(x_m, y_m)
$$

$$
\begin{aligned}
&+ hqf_y(x_m,\ y_m)\,[f(x_m,\ y_m) + O(h)] + dh^2\\
=&f(x_m,\ y_m) + hpf_x(x_m,\ y_m)\\
&+ hqf(x_m,\ y_m)\cdot f_y(x_m, y_m) + O(h^2),
\end{aligned}
$$

代入格式右端, 得

$$
\begin{aligned}
y_m + hk_1 =& y_m + hf(x_m,\ y_m) + h^2[pf_x(x_m,\ y_m)\\
&+qf(x_m,\ y_m)f_y(x_m,\ y_m)] + O(h^3),
\end{aligned}
$$

与 $y(x_{m+1})$ 的展开式比较, 得

$$
p = \frac{1}{2!},\quad q = \frac{1}{2!},
$$

所以选取参数 $p = \frac{1}{2!}$, $q = \frac{1}{2!}$, 则所给求积公式具有二阶精度. □

8.8　证明二级二阶方法

$$
\begin{cases}
y_{m+1} = y_m + h(k_1 + k_2)/2,\\
k_1 = f(x_m, y_m),\\
k_2 = f(x_m + h, y_m + hk_1/2 + hk_2/2)
\end{cases}
$$

A 稳定.

解　以方法求解 $y' = \lambda y(\lambda \in \mathbb{C})$ 得

$$
\begin{cases}
y_{m+1} = y_m + \dfrac{h}{2}(k_1 + k_2),\\
k_1 = \lambda y_m,\\
k_2 = \lambda\left(y_m + \dfrac{h}{2}(k_1 + k_2)\right),
\end{cases}
$$

整理得差分方程

$$
y_{m+1} = \left(1 + \frac{2\bar{h}}{2-h}\right)y_m,\quad \bar{h} = \lambda h,
$$

其特征根

$$
\xi = 1 + \frac{2\bar{h}}{2-\bar{h}}.
$$

于是

$$
|\xi| < 1 \quad \Leftrightarrow \quad \mathrm{Re}\ \bar{h} < 0.
$$

方法的绝对稳定域包含左半复平面, 所以方法是 A 稳定的. □

8.9　试列出解初值问题

$$\begin{cases} y_1' = a_{11}y_1 + a_{12}y_2, & y_1(0) = y_1^0, \\ y_2' = a_{21}y_1 + a_{22}y_2, & y_2(0) = y_2^0 \end{cases}$$

的改进 Euler 格式.

解　求解此初值问题的改进 Euler 格式为

$$\begin{cases} y_{m+1}^1 = y_m^1 + \dfrac{h}{2}\left(a_{11}y_m^1 + a_{12}y_m^2\right) + \dfrac{h}{2}\left(a_{11}y_{m+1}^1 + a_{12}y_{m+1}^2\right), \\ y_{m+1}^2 = y_m^2 + \dfrac{h}{2}\left(a_{21}y_m^1 + a_{22}y_m^2\right) + \dfrac{h}{2}\left(a_{21}y_{m+1}^1 + a_{22}y_{m+1}^2\right), \end{cases}$$

y_0^1, y_0^2 已知, 其中 y_m^1, y_m^2 分别为真解 $y_1(x_m), y_2(x_m)$ 的逼近.

或写成矩阵形式为

$$\begin{bmatrix} y_{m+1}^1 \\ y_{m+1}^2 \end{bmatrix} = \begin{bmatrix} y_m^1 \\ y_m^2 \end{bmatrix} + \frac{h}{2}\begin{bmatrix} a_{11} & a_{12} \\ a_{21} & a_{22} \end{bmatrix}\begin{bmatrix} y_m^1 \\ y_m^2 \end{bmatrix} + \frac{h}{2}\begin{bmatrix} a_{11} & a_{12} \\ a_{21} & a_{22} \end{bmatrix}\begin{bmatrix} y_{m+1}^1 \\ y_{m+1}^2 \end{bmatrix},$$

或即

$$\begin{bmatrix} 1 - \dfrac{h}{2}a_{11} & -\dfrac{h}{2}a_{12} \\ -\dfrac{h}{2}a_{21} & 1 - \dfrac{h}{2}a_{22} \end{bmatrix}\begin{bmatrix} y_{m+1}^1 \\ y_{m+1}^2 \end{bmatrix} = \begin{bmatrix} 1 + \dfrac{h}{2}a_{11} & \dfrac{h}{2}a_{12} \\ \dfrac{h}{2}a_{21} & 1 + \dfrac{h}{2}a_{22} \end{bmatrix}\begin{bmatrix} y_m^1 \\ y_m^2 \end{bmatrix}.$$ □

8.10　用习题 8.9 的计算格式解初值问题

$$\begin{cases} y_1' = 3y_1 + 2y_2, & y_1(0) = 0, \\ y_2' = 4y_1 + y_2, & y_2(0) = 1. \end{cases}$$

试取 $h = 0.1$ 算到 $x = 1$, 并与精确解

$$y_1 = \frac{\mathrm{e}^{5x} - \mathrm{e}^{-x}}{3}, \quad y_2 = \frac{\mathrm{e}^{5x} + 2\mathrm{e}^{-x}}{3}$$

相比较.

解　把 $a_{11}=3$, $a_{12}=2$, $a_{21}=4$, $a_{22}=1$, $h=0.1$, $y_0^1=0$, $y_0^2=1$ 代入习题 8.9 的格式中, 计算到 $x=1$ 得到

$$y_{10}^1=55.0047,\quad y_{10}^2=55.3723,$$

而其精确解

$$y_1(1)=49.3484,\quad y_2(1)=49.7163,$$

比较数值解与精确解, 可见其误差较大, 其原因是步长取得太大, 若缩小步长进行计算, 便可得到较好的近似. □

8.11　找出线性差分方程

$$u_{n+1}=u_n+\frac{u_{n-1}-u_{n-2}}{4},\quad n\geqslant 2$$

的一般解. 当 $u_0=4, u_1=3/2, u_2=7/4$ 时, 解是什么? u_{1000} 是什么?

解　差分方程的特征方程为

$$\lambda^3-\lambda^2-\frac{1}{4}\lambda+\frac{1}{4}=0,$$

求得特征根为

$$\lambda_1=1,\quad \lambda_2=\frac{1}{2},\quad \lambda_3=-\frac{1}{2},$$

所以差分方程的通解为

$$u_n=c_1+c_2\left(\frac{1}{2}\right)^n+c_3\left(-\frac{1}{2}\right)^n,\quad n>2.$$

当 $u_0=4$, $u_1=\dfrac{3}{2}$, $u_2=\dfrac{7}{4}$ 时, 有

$$\begin{cases} c_1+c_2+c_3=4, \\ c_1+\dfrac{1}{2}c_2-\dfrac{1}{2}c_3=\dfrac{3}{2}, \\ c_1+\dfrac{1}{4}c_2+\dfrac{1}{4}c_3=\dfrac{7}{4}, \end{cases}$$

解得

$$\begin{cases} c_1 = 1, \\ c_2 = 2, \\ c_3 = 1, \end{cases}$$

所以这时的解为 $u_n = 1 + 2\left(\frac{1}{2}\right)^n + \left(-\frac{1}{2}\right)^n, n > 2,$

$$u_{1000} = 1 + 2\left(\frac{1}{2}\right)^{1000} + \left(-\frac{1}{2}\right)^{1000} = 1 + 3\left(\frac{1}{2}\right)^{1000}.$$ □

8.12　求常数 a, b, c, d, 使得线性多步方法

$$y_{m+1} = ay_{m-1} + h(by'_{m+1} + cy'_m + dy'_{m-1})$$

的局部截断误差的阶较高.

解　由阶条件算得

$$a = 1, \quad b = \frac{1}{3}, \quad c = \frac{4}{3}, \quad d = \frac{1}{3},$$

这时方法达到最高阶三阶. □

8.13　试推导求解初值问题 $y' = f(xy), y(x_0) = y_0$ 的如下数值计算格式：

$$\begin{aligned} y_{n+1} =& y_n + hf(x_n y_n) \\ &+ h^2 f'(x_n y_n)[y_n + x_n f(x_n y_n)]/2, \end{aligned}$$

并说明它是多少阶的格式.

解　由 Taylor 展开有

$$\begin{aligned} y(x_{n+1}) =& y(x_n + h) \\ =& y(x_n) + y'(x_n)h + \frac{y''(x_n)}{2!}h^2 + \frac{y'''(\xi)}{3!}h^3. \end{aligned}$$

因为

$$y' = f(xy), \quad y'' = f'(xy)(y + xy') = f'(xy)(y + xf(xy)),$$

于是, 上式可变成

$$\begin{aligned} y(x_{n+1}) =& y(x_n) + hf(x_n y(x_n)) \\ &+ \frac{h^2}{2} f'(x_n y(x_n))(y(x_n) + x_n f(x_n y(x_n)) \end{aligned}$$

$$+\frac{h^3}{3!}y'''(\xi_n).$$

为考虑局部截断误差, 设 $y_n = y(x_n)$, 于是

$$R_{n+1} = y(x_{n+1}) - y_{n+1} = \frac{y'''(\xi)}{3!}h^3 = O(h^3),$$

所以所给数值格式是二阶格式, 它由上述式中舍掉局部截断误差 $\frac{y'''(\xi_n)}{3!}h^3$ 而得.□

8.14　讨论求解初值问题 $y' = -\lambda y, y(0) = a$ 的二阶中点公式

$$y_{n+1} = y_n + hf\left(x_n + \frac{h}{2}, y_n + \frac{h}{2}f(x_n, y_n)\right)$$

的数值稳定性 ($\lambda > 0$, 为实数).

解　二阶中点公式应用于微分方程 $y' = -\lambda y$ 得差分方程

$$y_{n+1} = \left[1 - \lambda h + \frac{1}{2}(\lambda h)^2\right]y_n = \left(1 - \bar{h} + \frac{1}{2}\bar{h}^2\right)y_n,$$

其特征根为 $\xi = 1 - \bar{h} + \frac{1}{2}\bar{h}^2$.

由 $|\xi| = \left|1 - \bar{h} + \frac{1}{2}\bar{h}^2\right| \leqslant 1$ 解得

$$\bar{h} \leqslant 2, \quad 即 \quad h \leqslant \frac{2}{\lambda},$$

所以当步长 $h \leqslant 2/\lambda$ 时二阶中点公式关于初值是稳定的.　□

8.15　试用差分法, 对于 $h = 0.1$ 解边值问题

$$y'' - xy' + y = 1, \quad y(0) = y(2) = 0.$$

解　以 $h = 0.1$ 为步长, 用差分法解所给边值问题, 得差分方程

$$\begin{cases} \dfrac{y_{m+1} - 2y_m + y_{m-1}}{h^2} \\ \quad -x_m\dfrac{y_{m+1} - y_{m-1}}{2h} + y_m = 1, \\ y_0 = y_{20} = 0, \end{cases}$$

即

$$\begin{cases}\left(1-\dfrac{h}{2}x_m\right)y_{m+1}-(2-h^2)y_m \\ \quad +\left(1+\dfrac{h}{2}x_m\right)y_{m-1}=h^2, \quad m=1,\ 2,\cdots,\ 19, \\ y_0=y_{20}=0,\end{cases}$$

其中

$$x_0=0, \quad x_m=x_0+mh, \quad y_m\approx y(x_m).$$

或即

$$\begin{bmatrix} h^2-2 & 1-\dfrac{1}{2}x_1 & & & \\ 1+\dfrac{h}{2}x_2 & h^2-2 & 1-\dfrac{h}{2}x_2 & & \\ & 1+\dfrac{h}{2}x_3 & h^2-2 & 1-\dfrac{h}{2}x_3 & \\ & & & \ddots & \ddots \\ & & & 1+\dfrac{h}{2}x_{19} & h^2-1 \end{bmatrix}\begin{bmatrix} y_1 \\ y_2 \\ \vdots \\ y_{19}\end{bmatrix}=h^2\begin{bmatrix}1\\1\\ \vdots \\ 1\end{bmatrix},$$

由此解得 $y_1,\ y_2,\ \cdots,\ y_{19}$. □

第 9 章　最优化方法

9.1　画出下列线性规划的可行域, 求出顶点坐标, 画出目标函数的等值线, 并找出最优解.

(1)

$$\begin{aligned} \max \quad & 3x_1 - x_2 \\ \text{s.t.} \quad & x_1 + x_2 \leqslant 4, \\ & x_1, x_2 \geqslant 0; \end{aligned}$$

(2)

$$\begin{aligned} \min \quad & -x_1 - 3x_2 \\ \text{s.t.} \quad & x_1 + x_2 \leqslant 3, \\ & x_1 - 2x_2 \geqslant 2, \\ & x_1, x_2 \geqslant 0. \end{aligned}$$

解　(1)

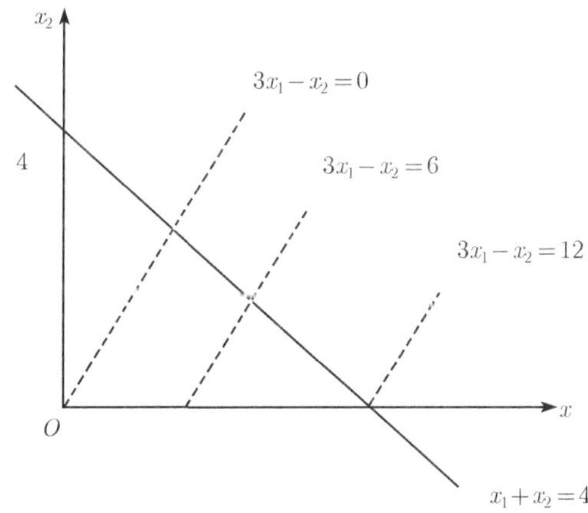

可行域顶点是 $(0,0), (4,0), (0,4)$, 最优解是 $(x_1, x_2)^{\mathrm{T}} = (4,0)^{\mathrm{T}}$, 最优值是 12.

(2)

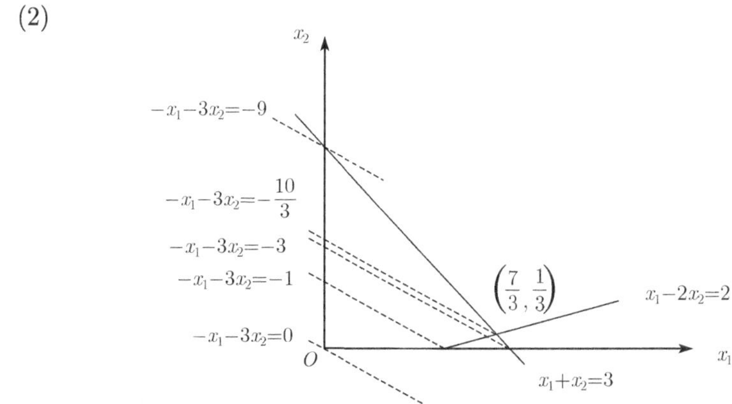

可行域顶点是 $(0,0),(2,0),(7/3,1/3),(0,3)$, 最优解是 $(x_1,x_2)^{\mathrm{T}}=(0,3)^{\mathrm{T}}$, 最优值是 -9. □

9.2 各举一例说明: 可行域为空集; 最优点有无穷多; 目标函数值无界而无最优解 (可仅在平面上画图表示).

解 (1)

$$\begin{aligned}\max\quad & 2x_1+3x_2\\ \text{s.t.}\quad & x_1+2x_2\leqslant 8,\\ & -2x_1+x_2\geqslant 4,\\ & 4x_1\leqslant 16,\\ & 4x_2\leqslant 12,\\ & x_1,x_2\geqslant 0.\end{aligned}$$

该线性规划的可行域是空集.

(2)

$$\begin{aligned}\max\quad & 2x_1+4x_2\\ \text{s.t.}\quad & x_1+2x_2\leqslant 8,\\ & 4x_1\leqslant 16,\\ & 4x_2\leqslant 12,\\ & x_1,x_2\geqslant 0.\end{aligned}$$

该线性规划有无穷多最优解.

(3)

$$\begin{aligned}\max\quad & x_1+x_2\\ \text{s.t.}\quad & -2x_1+x_2\leqslant 4,\\ & x_1-x_2\leqslant 2,\\ & x_1,x_2\geqslant 0.\end{aligned}$$

该线性规划的目标函数无界, 故无最优解. □

9.3 证明: 线性规划

$$\begin{aligned}\min\quad & c^{\mathrm{T}}x\\ \text{s.t.}\quad & Ax=b\end{aligned}$$

若有最优解, 则它的任意可行解均为最优解.

证明 设 x^* 是题中线性规划的最优解, 假定存在可行解 $\bar{x}$ 不是最优解, 即

$c^{\mathrm{T}}\bar{x} > c^{\mathrm{T}}x^*$, 因为

$$A(2x^* - \bar{x}) = 2Ax^* - A\bar{x} = 2b - b = b,$$

故 $2x^* - \bar{x}$ 也是可行解, 而

$$c^{\mathrm{T}}(2x^* - \bar{x}) = 2c^{\mathrm{T}}x^* - c^{\mathrm{T}}\bar{x} < c^{\mathrm{T}}x^*,$$

这与 x^* 是最优解矛盾, 故结论成立. □

9.4 把下列线性规划化为标准形, 并求出所有基本解、基本可行解和比较出最优解.

(1)

$$\begin{aligned} \max\quad & 2x_1 + x_2 - x_3 \\ \text{s.t.}\quad & x_1 + 4x_2 - x_3 \leqslant 4, \\ & x_1 + x_2 + 2x_3 \leqslant 6, \\ & x_1, x_2, x_3 \geqslant 0; \end{aligned}$$

(2)

$$\begin{aligned} \max\quad & 2x_1 - x_2 + 3x_3 - 5x_4 \\ \text{s.t.}\quad & x_1 + x_2 \leqslant 3, \\ & x_1 + 2x_2 + 4x_3 - x_4 \leqslant 6, \\ & 2x_1 + 3x_2 - x_3 + x_4 \leqslant 12, \\ & x_1 + x_3 + x_4 \leqslant 4, \\ & x_1, x_2, x_3, x_4 \geqslant 0. \end{aligned}$$

解　(1) 标准形:

$$\begin{aligned} \min\quad & -2x_1 - x_2 + x_3 \\ \text{s.t.}\quad & x_1 + 4x_2 - x_3 + x_4 = 4, \\ & x_1 + x_2 + 2x_3 + x_5 = 6, \\ & x_i \geqslant 0, i = 1, \cdots, 5. \end{aligned}$$

其基解、基可行解、最优解如表 9.1 所示.

表 9.1　习题 9.4(1) 的基解、基本可行解、最优解和最优目标函数值

基解	基本可行解	最优解	最优目标函数值
(20/3, −2/3, 0, 0, 0)			
(14/3, 0, 2/3, 0, 0)	(14/3, 0, 2/3, 0, 0)	(14/3, 0, 2/3, 0, 0)	−26/3
(6, 0, 0, −2, 0)			
(4, 0, 0, 0, 2)	(4, 0, 0, 0, 2)		
(0, 14/9, 20/9, 0, 0)	(0, 14/9, 20/9, 0, 0)		
(0, 6, 0, −20, 0)			
(0, 1, 0, 0, 5)	(0, 1, 0, 0, 5)		
(0, 0, 3, 7, 0)	(0, 0, 3, 7, 0)		
(0, 0, −4, 0, 14)			
(0, 0, 0, 4, 6)	(0, 0, 0, 4, 6)		

(2) 标准形：

$$
\begin{aligned}
\max\quad & -2x_1+x_2-3x_3+5x_4\\
\text{s.t.}\quad & x_1+x_2+x_5=3,\\
& x_1+2x_2+4x_3-x_4+x_6=6,\\
& 2x_1+3x_2-x_3+x_4+x_7=12,\\
& x_1+x_3+x_4+x_8=4,\\
& x_i\geqslant 0, i=1,\cdots,8.
\end{aligned}
$$

因为基解的可能组合数有 $C_8^4=70$ 种, 所以仅给出最优基可行解.

表 9.2 中仅列出几个基本可行解 (还有一些省略)、最优解和最优目标函数值.

表 9.2　习题 9.4(2) 的基本可行解、最优解和最优目标函数值

基本可行解	最优解	最优目标函数值
(0, 3, 0, 0, 0, 0, 3, 4)		
(3, 0, 3/4, 0, 0, 0, 27/4, 1/4)	(3, 0, 3/4, 0, 0, 0, 27/4, 1/4)	−8.25
(3, 0, 0, 1, 0, 4, 5, 0)		
(3, 0, 0, 0, 0, 3, 6, 1)		
(0, 3, 0, 0, 0, 0, 3, 4)		

9.5　设 $f(x)=100\left(x_2-x_1^2\right)^2+(1-x_1)^2$, 求在以下各点：$x_1=(0,0)^{\mathrm{T}}$, $x_2=(1,1)^{\mathrm{T}}$ 和 $x_3=(2,1)^{\mathrm{T}}$ 处的最速下降方向.

解

$$
\nabla f(x)=\begin{bmatrix}400x_1^3-400x_1x_2+2x_1-2\\ 200x_2-200x_1^2\end{bmatrix},
$$

$$
-\nabla f(x_1)=\begin{bmatrix}2\\0\end{bmatrix},\quad -\nabla f(x_2)=\begin{bmatrix}0\\0\end{bmatrix},\quad -\nabla f(x_3)=\begin{bmatrix}-2402\\600\end{bmatrix}.
$$

□

9.6　用最速下降法求解 $\min x_1^2-2x_1x_2+4x_2^2+x_1-3x_2$, 取初始点 $x^{(0)}=(1,1)^{\mathrm{T}}$, 迭代两次.

解　初始点 $x^{(0)}=(1,1)^{\mathrm{T}}$, $-\nabla f(x)=\begin{bmatrix}2x_1-2x_2+1\\-2x_1+8x_2-3\end{bmatrix}$,

$$
\nabla f(x^{(0)})=(1,3)^{\mathrm{T}},\quad \left\|\nabla f(x^{(0)})\right\|=3.162278,
$$

$$r^{(0)} = -\nabla f(x^{(0)}) = (-1, -3)^{\mathrm{T}}, \quad x^{(1)} = x^{(0)} + \alpha_0 r^{(0)},$$

其中 α_0 由 $\min f(x^{(0)} + \alpha r^{(0)})$ 获得, 必要条件 $\dfrac{\mathrm{d}f(x^{(0)} + \alpha r^{(0)})}{\mathrm{d}\alpha} = 0$ 解得 $\alpha_0 = 0.161290$, 故

$$x^{(1)} = \begin{bmatrix} 0.838710 \\ 0.516129 \end{bmatrix}, \quad \nabla f(x^{(1)}) = \begin{bmatrix} 1.645161 \\ 0.548387 \end{bmatrix}, \quad \|\nabla f(x^{(1)})\| = 1.734152,$$

$$r^{(1)} = -\nabla f(x^{(1)}) = \begin{bmatrix} -1.645161 \\ 0.548387 \end{bmatrix}, \quad x^{(2)} = x^{(1)} + \alpha_1 r^{(1)}.$$

由 $\dfrac{\mathrm{d}f(x^{(1)} + \alpha r^{(1)})}{\mathrm{d}\alpha} = 0$ 求得 $\alpha_1 = 0.263158$, 从而

$$x^{(2)} = \begin{bmatrix} 0.405733 \\ 0.660441 \end{bmatrix}, \quad \nabla f(x^{(2)}) = \begin{bmatrix} 0.490662 \\ 1.471986 \end{bmatrix}, \quad \|\nabla f(x^{(2)})\| = 1.551610,$$

$$r^{(2)} = -\nabla f(x^{(2)}) = \begin{bmatrix} -0.490662 \\ -1.471986 \end{bmatrix}.$$ □

9.7　用单纯形方法求解以下线性规划:

(1)

$$\begin{aligned} \min \quad & 3x_1 - x_2 \\ \text{s.t.} \quad & x_1 + x_2 \leqslant 3, \\ & -x_1 - 3x_2 \geqslant -3, \\ & -2x_1 + x_2 \geqslant -6, \\ & 2x_1 + x_2 \leqslant 8, \\ & 4x_1 - x_2 \leqslant 16, \\ & x_1, x_2, \geqslant 0; \end{aligned}$$

(2)

$$\begin{aligned} \min \quad & 2x_1 - x_2 + 3x_3 - 5x_4 \\ \text{s.t.} \quad & x_1 + x_2 \leqslant 3, \\ & x_1 + 2x_2 + 4x_3 - x_4 \leqslant 6, \\ & 2x_1 + 3x_2 - x_3 + x_4 \leqslant 12, \\ & x_1 + x_3 + x_4 \leqslant 4, \\ & x_1, x_2, x_3, x_4 \geqslant 0; \end{aligned}$$

(3)

$$\begin{aligned} \max \quad & x_1 + 3x_2 + 4x_3 \\ \text{s.t.} \quad & 3x_1 + 2x_3 \leqslant 13, \\ & x_2 + 3x_3 \leqslant 17, \\ & 2x_1 + x_2 + x_3 \leqslant 13, \\ & x_1, x_2, x_3 \geqslant 0; \end{aligned}$$

(4)

$$\begin{aligned} \max \quad & x_1 + 3x_2 - x_3 \\ \text{s.t.} \quad & x_1 + x_2 + x_3 \geqslant 3, \\ & -x_1 + 2x_2 \geqslant -3, \\ & -2x_1 + x_2 \geqslant 2, \\ & -x_1 + 5x_2 + x_3 \leqslant 14, \\ & x_1, x_2, x_3 \geqslant 0; \end{aligned}$$

(5)

$$\begin{aligned} \min \quad & x_1 + x_2 \\ \text{s.t.} \quad & 2x_1 + x_2 \geqslant 4, \\ & x_1 + 7x_2 \geqslant 7, \\ & x_1, x_2 \geqslant 0; \end{aligned}$$

(6)

$$\begin{aligned} \min \quad & 3x_1 + 2x_2 + x_3 + 4x_4 \\ \text{s.t.} \quad & 2x_1 + 4x_2 + 5x_3 + x_4 \geqslant 0, \\ & 3x_1 - x_2 + 7x_3 - 2x_4 \geqslant 2, \\ & 5x_1 + 2x_2 + x_3 + 6x_4 \geqslant 16, \\ & x_1, x_2, x_3, x_4 \geqslant 0. \end{aligned}$$

解 (1) 原问题的标准形是

$$\begin{aligned} \min \quad & 3x_1 - x_2 \\ \text{s.t.} \quad & x_1 + x_2 + x_3 = 3, \\ & x_1 + 3x_2 + x_4 = 3, \\ & 2x_1 - x_2 + x_5 = 6, \\ & 2x_1 + x_2 + x_6 = 8, \\ & 4x_1 - x_2 + x_7 = 16, \\ & x_i \geqslant 0, i = 1, \cdots, 7. \end{aligned}$$

系数矩阵

$$A = (p_1, p_2, p_3, p_4, p_5, p_6, p_7) = \begin{bmatrix} 1 & 1 & 1 & 0 & 0 & 0 & 0 \\ 1 & 3 & 0 & 1 & 0 & 0 & 0 \\ 2 & -1 & 0 & 0 & 1 & 0 & 0 \\ 2 & 1 & 0 & 0 & 0 & 1 & 0 \\ 4 & -1 & 0 & 0 & 0 & 0 & 1 \end{bmatrix},$$

第 1 次迭代

$$M = (p_3, p_4, p_5, p_6, p_7) = \begin{bmatrix} 1 & 0 & 0 & 0 & 0 \\ 0 & 1 & 0 & 0 & 0 \\ 0 & 0 & 1 & 0 & 0 \\ 0 & 0 & 0 & 1 & 0 \\ 0 & 0 & 0 & 0 & 1 \end{bmatrix},$$

$$M^{-1} = M,$$

$$x_M = \begin{bmatrix} x_3 \\ x_4 \\ x_5 \\ x_6 \\ x_7 \end{bmatrix} = \begin{bmatrix} 3 \\ 3 \\ 6 \\ 8 \\ 16 \end{bmatrix}, \quad x_N = \begin{bmatrix} x_1 \\ x_2 \end{bmatrix} = \begin{bmatrix} 0 \\ 0 \end{bmatrix},$$

$$z_1 = C_M x_M = (0,0,0,0,0)(3,3,6,8,16)^{\mathrm{T}} = 0,$$

$$w = C_M M^{-1} = (0,0,0,0,0)\begin{bmatrix} 1 & 0 & 0 & 0 & 0 \\ 0 & 1 & 0 & 0 & 0 \\ 0 & 0 & 1 & 0 & 0 \\ 0 & 0 & 0 & 1 & 0 \\ 0 & 0 & 0 & 0 & 1 \end{bmatrix} = (0,0,0,0,0),$$

$$f_1 - c_1 = wp_1 - c_1 = (0,0,0,0,0)(1,1,2,2,4)^{\mathrm{T}} - 3 = -3,$$

$$f_2 - c_2 = wp_2 - c_2 = (0,0,0,0,0)(1,3,-1,1,-1)^{\mathrm{T}} + 1 = 1,$$

又知对应基变量的判别数都是 0, 因此最大判别数是 $f_2 - c_2 = 1$, 下标 $k = 2$, 计算 y_2 和 $\bar{B}$:

$$y_2 = M^{-1} p_2 = (1,3,-1,1,-1)^{\mathrm{T}},$$

$$\overline{B} = x_M = (3,3,6,8,16)^{\mathrm{T}}.$$

确定离基变量的下标 r,

$$\frac{\bar{b}_r}{y_{r_2}} = \min\left\{\frac{\bar{b}_1}{y_{12}}, \frac{\bar{b}_2}{y_{22}}, \frac{\bar{b}_4}{y_{42}}\right\} = \min\left\{\frac{3}{1}, \frac{3}{3}, \frac{8}{1}\right\} = 1.$$

因此 $r = 2$, x_M 中第 2 个分量 x_4 是离基变量, x_2 是进基变量, $x_2 - \dfrac{\bar{b}_4}{y_{42}} - 1$, 用 p_2 代替 p_4, 得到新基, 进行下一次迭代.

第 2 次迭代

$$M = (p_3, p_2, p_5, p_6, p_7) = \begin{bmatrix} 1 & 0 & 0 & 0 & 0 \\ 1 & 1 & 0 & 0 & 0 \\ 0 & 3 & 0 & 0 & 0 \\ 0 & -1 & 1 & 0 & 0 \\ 0 & -1 & 0 & 0 & 1 \end{bmatrix},$$

$$M^{-1} = \begin{bmatrix} 1 & -1/3 & 0 & 0 & 0 \\ 0 & 1/3 & 0 & 0 & 0 \\ 0 & 1/3 & 1 & 0 & 0 \\ 0 & -1/3 & 0 & 1 & 0 \\ 0 & 1/3 & 0 & 0 & 1 \end{bmatrix}, \quad x_M = \begin{bmatrix} x_3 \\ x_2 \\ x_5 \\ x_6 \\ x_7 \end{bmatrix} = M^{-1}B = \begin{bmatrix} 2 \\ 1 \\ 7 \\ 7 \\ 17 \end{bmatrix},$$

$$x_N = \begin{bmatrix} x_1 \\ x_4 \end{bmatrix} = \begin{bmatrix} 0 \\ 0 \end{bmatrix}, \quad z_2 = -1, \quad w = C_M M^{-1} = (0,-1/3,0,0,0),$$

$$f_1 - c_1 = wp_1 - c_1 = -\frac{10}{3}, \quad f_4 - c_4 = wp_4 - c_4 = -\frac{1}{3},$$

由于所有 $f_j - c_j \leqslant 0$, 故得到最优解 $x_1^* = 0, x_2^* = 1$, 目标函数的最优值是 $z_{\min} = -1$.

(2) 最优解 $x_1^* = 0, x_2^* = 8/3, x_3^* = 0, x_4^* = 4$, 目标函数的最优值是 $z_{\min} = -68/3$.

(3) 先将问题写成标准形式, 迭代后得到最优解 $x_1^* = 0, x_2^* = 11, x_3^* = 2$, 最优解是 41.

(4) 先将目标函数化为标准形式:

$$\begin{aligned}
\min \quad & -x_1 - 3x_2 + x_3 \\
\text{s.t.} \quad & x_1 + x_2 + x_3 - x_4 = 3, \\
& x_1 - 2x_2 - x_5 = 3, \\
& -2x_1 + x_2 - x_6 = 2, \\
& -x_1 + 5x_2 + x_3 + x_7 = 14, \\
& x_i \geqslant 0, i = 1, \cdots, 6.
\end{aligned}$$

再取初始的基变量 $x_M = (x_2, x_3, x_5, x_7)^{\mathrm{T}}$, 非基变量为 $x_N = (x_1, x_4, x_6)^{\mathrm{T}}$, 求得最优解为 $x_1^* = 4/9, x_2^* = 26/9, x_3^* = 0$, 最优值为 $z_{\max} = 82/9$.

(5) 化为标准形:

$$\begin{aligned}
\min \quad & x_1 + x_2 \\
\text{s.t.} \quad & 2x_1 + x_2 - x_3 = 4, \\
& x_1 + 7x_2 - x_4 = 7, \\
& x_i \geqslant 0, i = 1, \cdots, 7.
\end{aligned}$$

选 x_1, x_3 为初始基变量, x_2, x_4 为非基变量, 迭代后得到最优解为 $x_1^* = 21/13, x_2^* = 10/13$, 最优值为 $z_{\min} = 31/13$.

(6) 化为标准形

$$\begin{aligned}
\min \quad & 3x_1 + 2x_2 + x_3 + 4x_4 \\
\text{s.t.} \quad & 2x_1 + 4x_2 + 5x_3 + x_4 - x_5 = 0, \\
& 3x_1 - x_2 + 7x_3 - 2x_4 - x_6 = 2, \\
& 5x_1 + 2x_2 + x_3 + 6x_4 - x_7 = 16, \\
& x_i \geqslant 0, i = 1, \cdots, 7.
\end{aligned}$$

选 x_3, x_4, x_5 为初始基变量, x_1, x_2, x_6, x_7 为非基变量, 迭代后得到最优解为 $x_1^* = 3.2, x_2^* = x_3^* = x_4^* = 0$, 最优值 $z_{\min} = 9.6$. □

9.8　CHIPCO 公司生产两类存储器芯片 (chip1 和 chip2) 为计算机所用. chip1 的单位售价是 15 美元, chip2 是 25 美元. 制作一个 chip1, CHIPCO 公司必须投入 3 个熟练工时, 2 个不熟练工时和一个单位原材料. 制作一个 chip2, 要用去 4 个熟练工时, 3 个不熟练工时和 2 个单位原材料. 该公司有 100 个熟练工时, 70 个非熟练工时和 30 个单位原材料. CHIPCO 公司签订销售合同要求, 至少必须生产 3 个单位 chip2, 并且任何分数都是可采用的.

能否构造一个线性规划, 为 CHIPCO 公司确定其最优产品的组合.

解　设生产 x_1 个 chip1, x_2 个 chip2, 问题的线性规划模型是

$$\begin{aligned} \max \quad & 15x_1 + 25x_2 \\ \text{s.t.} \quad & 3x_1 + 4x_2 \leqslant 100, \\ & 2x_1 + 3x_2 \leqslant 70, \\ & x_1 + 2x_2 \leqslant 30, \\ & x_2 \geqslant 3, \\ & x_1 \geqslant 0. \end{aligned}$$

□

9.9　指派问题. 5 个人 (A, B, C, D, E) 被指派去完成 5 项不同的任务. 表 9.3 给定一个特定人去完成特定任务时所用的时间.

标准工资是每人每天 60 美元. 假设, 一个人被指派去完成一项任务, 每个任务必须由一个人去完成. 试把这一问题构造为一个线性整数规划问题.

表 9.3　单位: 天

	任务 1	任务 2	任务 3	任务 4	任务 5
A	5	5	7	4	8
B	6	5	8	3	7
C	6	8	9	5	10
D	7	6	6	3	6
E	6	7	10	6	11

解　设 x_{ij} 表示第 i 个人被指派去完成第 j 项任务, 其中 $i=1,\cdots,5$ 分别对应 A, B, C, D, E, $j=1,\cdots,5$ 分别对应任务 $1,\cdots$, 任务 5.

问题的线性整数规划模型是

$$\min \quad 60 \cdot \sum_{i=1}^{5} \sum_{j=1}^{5} C_{ij} x_{ij}$$

$$\text{s.t.} \quad \sum_{i=1}^{5} x_{ij} = 1, \quad j = 1, \cdots, 5,$$

$$\sum_{j=1}^{5} x_{ij} = 1, \quad i = 1, \cdots, 5,$$

$$x_{ij} = 0 \text{ 或 } 1, \quad i, j = 1, \cdots, 5,$$

以上 C_{ij} 表示派第 i 个人去完成第 j 个任务需要的时间, 见题中表格. □

9.10 INTER–TRADE 公司, 由中国、印度、菲律宾购买无商标的纺织出口品, 用船运往香港或台湾进行封装和标签, 然后用船运到美国和法国销售. 源地和终点之间的运输费由表 9.4 给出.

表 9.4 单位: 美元/t

	中国	印度	菲律宾	美国	法国
香港	50	90	70	150	180
台湾	60	95	50	130	200

假设, INTER–TRADE 公司从中国购 60t, 从印度购 45t, 从菲律宾购 30t 无标品. 美国市场需要有标签的产品 80t, 法国市场需要 55t. 假定封装与标签不改变纺织产品的重量.

(1) 如果香港与台湾都具有不受限的封装与标签能力, 构造一个线性规划使 INTER-TRADE 公司的海运费最少.

(2) 如果香港仅能处理至多 60t 的无标品, 表达式将如何改变?

(3) 如果香港只能处理无标品至多为 60t, 台湾至多为 75t, 表达式将如何改变?

(4) 在条件 (3) 下, 试将该线性规划问题化简为两个独立的运输问题.

解 设 x_{ij} 表示从第 i 个乘购地运往第 j 个标签地的无标品数量, 其中 $i = 1, 2, 3$ 分别表示中国、印度、菲律宾, $j = 1, 2$ 分别表示香港和台湾, y_{jk} 表示从第 j 个标签地运往第 k 个需求市场的标签产品的数量, 其中 $j = 1, 2$ 分别表示香港和台湾, $i = 1, 2$ 分别表示美国和法国. 记

$$(C_{ij})_{3\times 2} = \begin{bmatrix} 50 & 60 \\ 90 & 95 \\ 70 & 50 \end{bmatrix}, \quad (d_{jk})_{2\times 2} = \begin{bmatrix} 150 & 180 \\ 130 & 200 \end{bmatrix}.$$

(1) 线性规划模型为

$$
\begin{aligned}
\min \quad & \sum_{i=1}^{3}\sum_{j=1}^{2} C_{ij}x_{ij} + \sum_{i=1}^{3}\sum_{j=1}^{2} d_{jk}y_{jk} \\
\text{s.t.} \quad & \sum_{j=1}^{2} x_{1j} = 60, \\
& \sum_{j=1}^{2} x_{2j} = 45, \\
& \sum_{j=1}^{2} x_{3j} = 30, \\
& \sum_{i=1}^{3} x_{i1} = \sum_{k=1}^{2} y_{1k}, \\
& \sum_{i=1}^{3} x_{i2} = \sum_{k=1}^{2} y_{2k}, \\
& \sum_{j=1}^{2} y_{j1} = 80, \\
& \sum_{j=1}^{2} y_{j2} = 55, \\
& x_{ij} \geqslant 0, i = 1, 2, 3, j = 1, 2, 3, \\
& y_{jk} \geqslant 0, j, k = 1, 2.
\end{aligned}
$$

(2) 在 (1) 的模型中增加以下约束条件：

$$\sum_{i=1}^{3} x_{i1} \leqslant 60.$$

(3) 在 (1) 的模型中增加以下两个约束条件：

$$\sum_{i=1}^{3} x_{i1} \leqslant 60,$$

$$\sum_{i=1}^{3} x_{i2} \leqslant 75.$$

(4) 两个独立的运输问题是

$$
\begin{aligned}
\min\quad & \sum_{i=1}^{3}\sum_{j=1}^{2} C_{ij}x_{ij} \\
\text{s.t.}\quad & \sum_{j=1}^{2} x_{1j} = 60, \\
& \sum_{j=1}^{2} x_{2j} = 45, \\
& \sum_{j=1}^{2} x_{3j} = 30, \\
& \sum_{i=1}^{3} x_{i1} = 60, \\
& \sum_{i=1}^{3} x_{i2} = 75, \\
& x_{ij} \geqslant 0,\quad i=1,2,3;\quad j=1,2.
\end{aligned}
$$

$$
\begin{aligned}
\min\quad & \sum_{j=1}^{2}\sum_{k=1}^{2} d_{jk}y_{jk} \\
\text{s.t.}\quad & \sum_{j=1}^{2} y_{j1} = 80, \\
& \sum_{j=1}^{2} y_{j2} = 55, \\
& \sum_{k=1}^{2} y_{1k} = 60, \\
& \sum_{k=1}^{2} y_{2k} = 75, \\
& y_{jk} \geqslant 0,\quad j,k=1,2.
\end{aligned}
$$

□

参 考 文 献

傅凯新, 黄云清, 舒适. 2002. 数值计算方法. 长沙: 湖南科学技术出版社

黄云清, 舒适, 陈艳萍, 金继承, 文立平. 2009. 数值计算方法. 北京: 科学出版社

刘玲, 崔隽. 2006. 数值计算方法学习指导. 北京: 科学出版社

马东升, 熊春光. 2006. 数值计算方法习题及习题解答. 北京: 机械工业出版社

邹秀芬, 陈绍林, 胡宝清. 2007. 数值计算方法学习指导书. 武汉: 武汉大学出版社

Quarteroni A, Sacco R, Saleri F. 2006. 国外数学名著系列 (英文影印版)5—— 数值数学. 北京: 科学出版社